自家的深夜食堂

シンヤショクドウ

[日]安倍夜郎 原著/漫画

[日]小堀纪代美
[日]坂田阿希子
[日]重信初江
[日]徒然花子 烹饪

贺包蛋 译

文化发展出版社
Cultural Development Press
·北京·

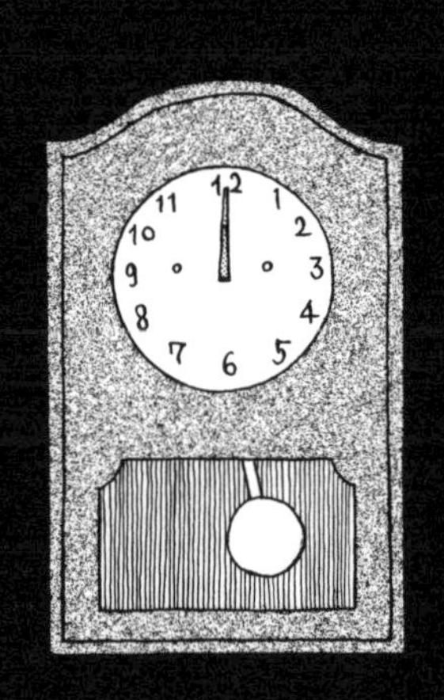

深夜0时

“今天也累了呢～”
结束了忙碌的一天，
饥肠辘辘的客人们纷纷驻足停靠在深夜餐馆，
像这样的“食堂”，能够让人充电休息、有“回家的感觉”的“馆子”，
你的城市里有吗？

吃过老板料理的客人们，
或是仅仅感叹着好吃，或是回想起过去珍贵的回忆。
每一道菜都无可替代，每一道菜都让人有种莫名怀念的感觉。

漫画《深夜食堂》的粉丝们是不是也常常想：
“这样的‘馆子’，要是在自己的生活中也有就好了！”
这本书就来帮您将自家打造成“深夜食堂”。
有了场所，有了美食，就能创造出属于你自己的空间。

说不定，您自家才是
最舒适惬意的“深夜食堂”呢。

希望您能够找到只属于这里的独特味道。

目　　录

第一章

只需五分钟！

自家深夜食堂 精选菜品十道

第二章

绝品！

肚子饿的时候，让人大饱口福的菜肴

（烹饪 / 坂田阿希子）

第三章

身心都暖暖的！

疲惫时候的治愈系菜肴

（烹饪 / 小堀纪代美）

第四章

今晚小酌一杯！

想喝一杯时的简单下酒菜

（烹饪 / 徒然花子）

第五章

无论是深夜还是节食中！

饱餐一顿也不会发胖的晚餐

（烹饪 / 重信初江）

本书须知

- 1 小匙为 5 毫升，1 大匙为 15 毫升，1 杯为 200 毫升。
- 烹饪火候在无特别注明的情况下，请用中火烹饪。
- 微波炉的加热时长为功率 600 瓦机器的标准时长。如果使用功率 500 瓦的微波炉，请将时长调整为 1.2 倍。另外，不同的机型会有少许差异，请观察情况适当进行调整。
- 平底锅通常使用的是氟化乙烯树脂涂层的不粘锅。
- 出汁是用海带和鲣鱼片制成的日式高汤（市售品也可以）。汤为用颗粒状或固体汤料（市面上卖的清汤、骨汤等）做成的西式或中式高汤。
- 蔬菜类食品即使没有特别说明，也请先完成清洗和削皮等工序后再进行烹饪。

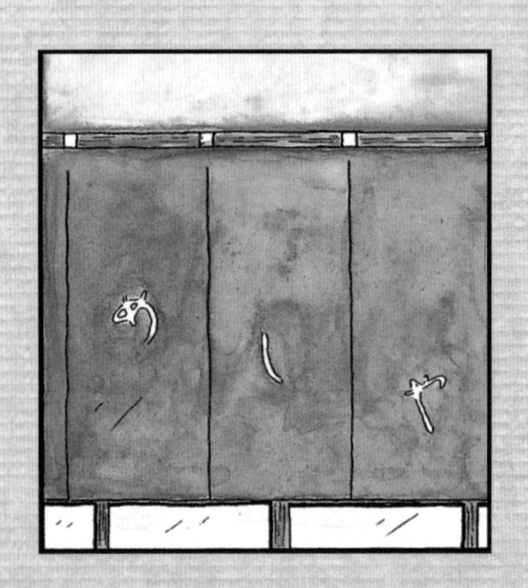

菜单只有这些，

猪肉酱汤　六百元
啤酒（大）　六百元
日本酒（二合）　五百元
烧酒（一杯）　四百元
酒类每位最多可点三瓶

其余的请随意点单。

深夜食堂没有菜单。

可以随便点
自己喜欢的菜品。

所谓家常便饭，
就是能够在高兴的时候
尽情尽兴地吃
自己喜欢的菜。

如果我是店主，会给您推荐这样的菜单。

一个让人放松的地方，
既熟悉又有些新鲜……
我上任的一天，
哪怕能让客人们感受到一点点“治愈”也好呢。
这样的深夜食堂
如果大家能乐在其中的话，
我会非常开心。

※ 小堀纪代美

实际上最近我正在减肥，所以很能明白，
夜宵这种东西无论如何也很难让人摆脱罪恶感吧。
于是我思考了一些菜谱，
希望能让大家毫无负担地开心享用美味。
我从很早以前就一直是
《深夜食堂》漫画的超级粉丝，
所以这次能成为一日店主，
我真的非常开心！

※ 重信初江

如果我是一日店主，如果我接受了客人的点单……
烹饪专家们把自己代入了这样的角色，
为您精心打造了以下菜谱。

有些料理正因为是“深夜”才会想吃。
我是《深夜食堂》漫画的粉丝，
所以回想着每个故事制作了一道道菜肴。
“想要做出更贴合客人心情的饭菜。”
我怀着这样的心情，
为您倾注身为一日店主的满满爱意！

※ 坂田阿希子

我是个365天夜夜都想小酌一杯的好酒之徒。
如果我有个“深夜食堂”，
一定想跟客人一边饮酒一边吃饭。
因此，我准备了一些适合边吃边喝的简单下酒菜。
请大家一定要一手举着啤酒，
一手试着做做看！

ツレヅレハナコ

※ 徒然花子

您辛苦了。今日自家深夜食堂的享用方式是……

1 不想将就

➡ 第一章

五分钟就能做好的精选菜品

总之就是
简单却绝妙！
五分钟就能做好，
想想就轻松。

2 就是肚子饿!

➡ 第二章

肚子饥饿时，让人大饱口福的菜肴

让人心满意足的感动菜谱。
稍许费心的菜肴，
一定要让珍爱的人们尝尝。

3 身体不适

→ 第三章

有益身体的治愈系菜肴

感冒、肠胃难受……
身体不适的时候，
也能让人打起精神的
温和味道。

4 今夜想来一杯

→ 第四章

小酌时的简单下酒菜

餐桌上摆几道简单的下
酒菜，一点一点配着它
们干杯吧！

5 减肥时却想吃东西……

→ 第五章

深夜吃也不会发胖的健康菜肴

分量十足的
健康菜肴，
没有任何减肥压力，
还能吃到超多蔬菜。

第一章

\只需五分钟!/

自家深夜食堂
精选菜品十道

回到家就能吃到美味可口的饭菜，
不仅做起来得心应手，
可能还会比平日里做得更好吃呢。
这些拿手菜谱正是在家做饭得以延续的秘诀吧。
下面就来看看由四位料理家精心准备的
适合自家深夜食堂的菜单吧！

在食盐和橄榄油的衬托下品味浓厚的鲣鱼风味

加盐拍松的鲣鱼肉

材料（两人份）

用菜刀拍打松软的鲣鱼肉（切片）
…100 克
红洋葱…1/4 个
蒜泥…1/3 小匙
食盐…1/4 小匙
橄榄油…1 小匙
酸橘…1 个

制作方法

1 将红洋葱横切成薄片。

2 摆好鲣鱼片，用蒜泥和盐（留取少量备用）擦揉均匀。

3 将步骤 1、2 的食材装盘，红洋葱上撒入剩余的盐。在菜品表面均匀淋上橄榄油，用切半的酸橘点缀。（重信）

加盐橄榄油 # 新式日料
五分钟小菜

烹饪小窍门

用红洋葱可以省掉
浸水去辣环节

红洋葱辣味较轻，可直接使用，非常方便。它的色泽也更鲜美，比较适合新式小菜。使用切好片的鲣鱼可以缩短制作时间。

《炙烧鲣鱼》，漫画单行本第 17 卷）

炸火腿 # 煎炸食品 # 油炸 # 简单 # 配啤酒 # 火腿薄切派

无论过去还是现在都备受喜爱的经典食堂菜单。
印象中很麻烦的油炸食品，用火腿片的话也很简单哦！

炸火腿

材料（两人份）

切片火腿（3 毫米厚）…4 片
面粉、蛋液、面包糠、煎炸油
…各适量
卷心菜丝…适量
英国辣酱油…适量

制作方法

1 依次按照面粉、蛋液、面包糠的顺序在火腿上挂糊，油温加热至 180℃，下火腿片炸至两面恰好焦黄。

2 装盘，然后摆上过水的卷心菜、酱汁，依据个人喜好淋上塔塔酱。（坂田）

即食塔塔酱

材料及制作方法（两人份）

将酸黄瓜丁（小）3 根、蛋黄酱 3 大匙、食盐和白胡椒各少许搅拌在一起。
如果有的话，也可以放入两个切碎的煮鸡蛋。

（《炸火腿》，漫画单行本第 7 卷）

日式食材中常见的“黏性食材”，

与异域口味也意外很搭！搅拌起来享用吧！

黏黏菜

～异域风味～

烹饪小窍门

用鱼露和香菜
瞬间调配异域风味

在纳豆、秋葵等日式食材上，只需加上一些鱼露、香菜和芝麻油，就会瞬间变身异域风味。真是无法形容的美味！

材料（两人份）

纳豆…1盒
长山药…60克
秋葵…4根
圣女果…2个
香菜…适量
鱼露…1/2大匙
芝麻油…1小匙

制作方法

1 将山药切成5毫米厚的小块，秋葵焯水后切碎，圣女果切成8瓣，香菜切成2厘米的长度。

2 将纳豆和蔬菜按照颜色在碗中摆好，浇上鱼露和芝麻油。搅拌均匀后食用。（徒然）

黏性食材
异域黏黏菜 # 只需搅拌
着迷的味道 # 上瘾 # 即食料理

鱼露就是
泰国的『鱼酱』。
搭配日本酱油的
黏黏菜虽说也不错，
不过还是用泰式
酱油换换心情吧。

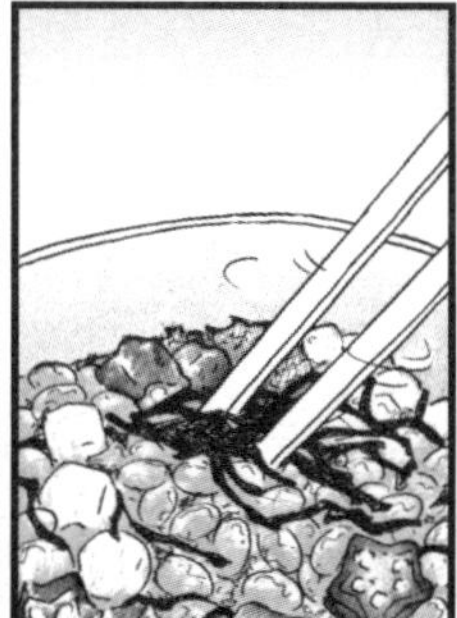

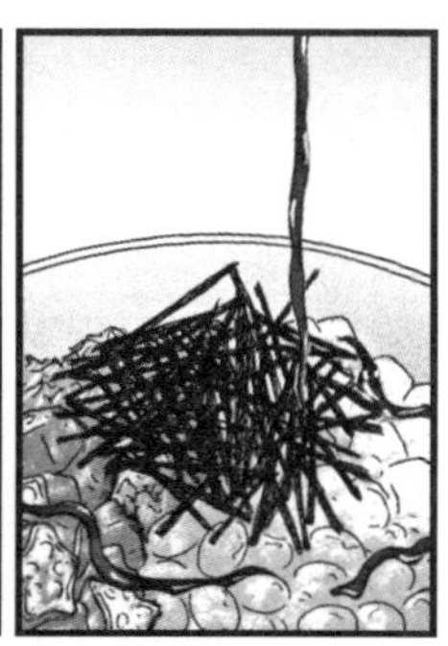

《黏黏菜》，漫画单行本第14卷）

搭配口感黏糯的乌冬面细细品味，令人怀念的食堂菜单

那不勒斯乌冬面

材料（两人份）

冷冻乌冬面…2 份
洋葱…1/2 个
青椒…2 个
蘑菇…4 个
维也纳小香肠…3 根
圣女果…4 个
食盐…1 撮
酱油…1 又 1/2 小匙
黑胡椒粉（粗）…适量
番茄酱…5—6 大匙
橄榄油…2 大匙
温泉蛋…2 个
奶酪粉…少许

制作方法

1 将洋葱切成薄片，青椒去蒂去籽切成薄圈，蘑菇去除根部后切成薄片，香肠斜切成 1.5 厘米长的小块。乌冬面按照包装袋上的说明煮熟后，洗掉表面的黏液，用笊篱捞起沥水。

2 在平底锅内用中火烧热橄榄油，加入香肠、洋葱、蘑菇、圣女果进行翻炒，再放盐、黑胡椒以及 2/3 量的番茄酱一并翻炒，然后倒入乌冬面和剩余的番茄酱大火炒制。最后加青椒略炒一下，倒入酱油翻炒均匀后关火。

3 装盘，盖上温泉蛋，撒上黑胡椒粉和奶酪粉。根据个人喜好将西芹切碎撒上。（小堀）

烹饪小窍门

冷冻乌冬面
常备起来很方便

冷冻乌冬面常备在冰箱冷冻室很方便！烹煮时间也短，独特的黏糯口感让人欲罢不能。

（《那不勒斯乌冬面》，漫画单行本第 14 卷）

那不勒斯乌冬面 # 冷冻乌冬面 # 虽说意大利面也可以 # 还是要用冷冻乌冬面

将泡菜炒猪肉裹上熔化的奶酪享用的幸福配方

奶酪泡菜炒猪肉
~韩式奶酪“铁板鸡”风味~

材料（两至三人份）

猪肉片…200克
辣白菜（推荐使用泡得时间长的泡菜）…100克
比萨用奶酪…100克
A 清酒…1大匙
　酱油…1茶匙
　蒜泥…1/3小匙
炒白芝麻…适量
芝麻油…1小匙

将猪肉裹上奶酪后食用。

制作方法

1 在平底锅或煎锅等平底厨具里中火烧热芝麻油，倒入猪肉炒1至2分钟。炒至尚有少许夹生的程度加入泡菜，再翻炒1分钟左右后倒入材料A进行调味。

2 将炒好的菜铲到锅的一侧，在另一侧放入奶酪，微火加热1至2分钟至奶酪熔化后，撒上芝麻。（重信）

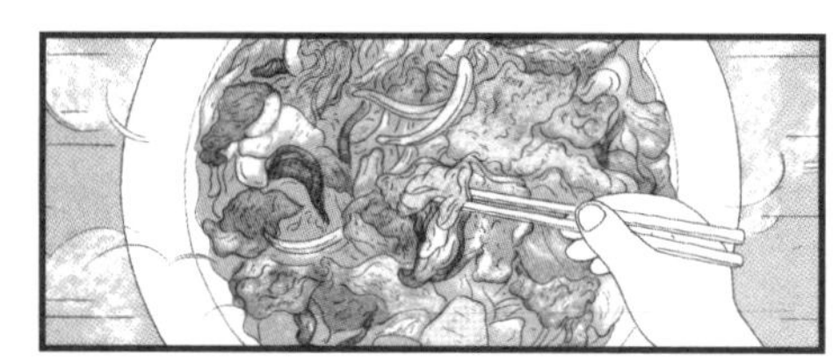

（《泡菜炒猪肉》，漫画单行本第5卷）

喜欢奶酪 # 欲罢不能 # 不是奶酪“铁板鸡”，而是奶酪泡菜炒猪肉
夜酌 # 只花五分钟

简单却令人感动的味道！用常备食材就能完成的愉悦小菜

炒腌牛肉

材料（两人份）

腌牛肉罐头…1 罐
土豆…1 个
小葱丁…2 根的量
酱油、醋…各 1 小匙
食盐、粗黑胡椒粉…各少许
橄榄油…1/2 大匙

制作方法

1 土豆去皮切丝，迅速过水后用笊篱捞起。

2 平底锅中火加热橄榄油，加入土豆丝进行翻炒后撒盐。放入腌牛肉一边搅散一边翻炒，然后倒入酱油和醋迅速翻炒均匀。最后撒上黑胡椒粉，加入小葱搅匀。（小堀）

烹饪小窍门

快速烹熟的秘诀是土豆切丝

将土豆切丝再炒，则不需要焯水也能很快烹熟。切成粗丝也可以。

炒腌牛肉 # 腌牛肉
罐头小菜 # 罐头小吃
请勿过量饮酒

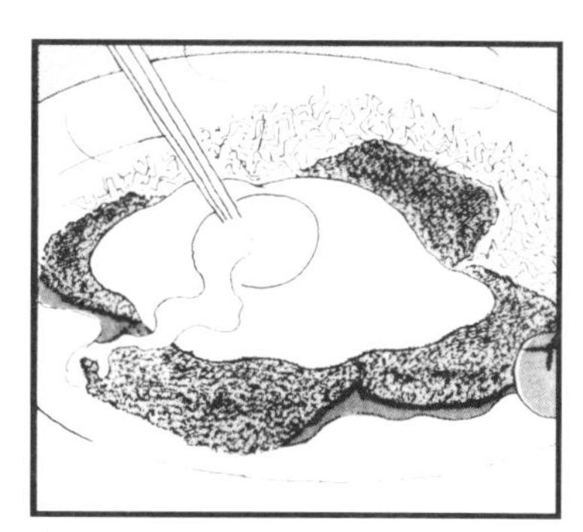

（《罐头》，漫画单行本第 5 卷）

当作简易小菜或配菜，
只需蘸酱就能搞定的简单配方

梅肉拌黄瓜

材料（两人份）

黄瓜…2根
腌梅干…2大颗
炒白芝麻…2大匙
酱油…1/2小匙
芝麻油…少许

制作方法

1 将黄瓜竖着对半切，去籽后轻拍，然后随意切块。撒上适量食盐，静置片刻后挤干水分。

2 将芝麻稍微炒制后放入擂钵中研磨（没有擂钵可使用炒白芝麻），然后加入捣碎的腌梅干、酱油、芝麻油拌匀。

3 加入步骤1的食材拌匀。

味噌黄瓜

材料（两人份）

黄瓜（小黄瓜）…7—8根
绿紫苏叶…20片
白芝麻油（没有也可用色拉油代替）…2小匙
A 清酒、味噌酱…各3大匙
砂糖…1又1/2小匙
酱油…少许

制作方法

将绿紫苏叶切成大块，放入热好白芝麻油的平底锅内炒制，然后用材料A进行调味。最后摆上小黄瓜。（坂田参与）

梅肉拌黄瓜 # 味噌黄瓜 # 黄瓜
黄瓜菜谱 # 你是哪一派？

（《味噌黄瓜与梅肉拌黄瓜》，漫画单行本第 14 卷）

梅肉拌黄瓜

谷中生姜 # 在家就用阳荷 # 肉卷 # 照烧 # 剩下的就是明天的便当

使用全年都能入手的阳荷制作风味成熟的肉卷，
照烧味与口味清淡的阳荷完美相配

阳荷肉卷

材料（两人份）

猪肩里脊肉片…8片（约250克）
阳荷…4个
绿紫苏叶…4片
面粉…少许
清酒、酱油、日式甜料酒…各1大匙
色拉油…1大匙

制作方法

1 将阳荷竖着切为4份，绿紫苏叶对半切开。

2 将猪肉片展开，依次放上等量的绿紫苏和阳荷后卷起，薄薄裹上一层面粉。

3 在平底锅中烧热色拉油，摆入步骤**2**的食材。等到肉卷全部变成焦黄色后，倒入清酒、酱油和甜料酒烧至收汁做成照烧风味。（徒然）

虽然谷中生姜肉卷
这道菜大受好评，
但如果不是应季的话
很难买到食材。
用阳荷的话就能随时
还原美味了哦。

（《谷中生姜肉卷》，漫画单行本第19卷）

一个平底锅就搞定！软嫩半熟的鸡蛋

番茄炒蛋

材料（两至三人份）

番茄…1个

A ［鸡蛋…3个
　 赤砂糖…1小匙
　 食盐…1/4小匙

红辣椒（去籽）…1根

小葱丁…适量

食盐…1撮

粗黑胡椒粉…少许

白芝麻油（也可用色拉油）…2大匙

制作方法

1 将番茄切成2至3厘米的小块。材料A的鸡蛋打散后与其余食材搅匀。在平底锅中倒入1又1/2大匙白芝麻油加热，热好后将搅好的材料A一并倒入，用胶铲大幅搅拌，然后取出备用（半熟状态）。

2 将剩余的白芝麻油和红辣椒、番茄倒入锅中撒盐翻炒。然后加入2大匙水焖煮。

3 待水分蒸发开始变黏稠时加入小葱，重新倒入鸡蛋，使鸡蛋挂上番茄后迅速过火烹熟。最后装盘撒上黑胡椒粉。（小堀）

烹饪小窍门

烹饪中途暂时取出鸡蛋，
是鸡蛋做得软嫩半熟的诀窍。

将鸡蛋用大火迅速翻炒后暂时取出，最后快速翻搅混合，就能做出半熟的软滑口感了。

《番茄炒蛋》，漫画单行本第12卷）

番茄炒蛋 # 只需五分钟的动人美味 # 软乎乎 # 半熟 # 大爱鸡蛋 # 掌握了诀窍就很简单！

哪怕是在回家什么都不想做的日子里，
只要有香喷喷的大米和干鲣鱼薄片，
就能吃到最棒的佳肴

猫饭

材料（两人份）

热米饭…2 茶碗
干鲣鱼薄片…足量
酱油…少许
橄榄油…适量

制作方法

将烧好的米饭盛入茶碗中，倒入酱油和足量的干鲣鱼薄片。最后均匀淋入橄榄油。（坂田）

猫饭 # 省事餐
只要有米饭 # 最棒的佳肴
橄榄油 # 这个很适合

烹饪小窍门

用橄榄油瞬间提香

虽然酱油和干鲣鱼片的日式风味是猫饭的经典，但在此基础之上加入橄榄油，跟酱油的完美搭配更是令人欲罢不能。

（《猫饭》，漫画单行本第 1 卷）

附录1

再忙也能马上吃到饭！
食物的储存方法

即使不经常去采购，也能快速把饭做好，
下面就为您介绍一些非常方便储存的食材。
在没时间做饭的时候，有这些预备的小菜就放心了。

1 冷冻储存食材

蘑菇

蘑菇即使冷冻也不会降低口感，反而会增加其鲜香。为了方便取用，建议拆散后放入冷冻保存袋里，每次拿出需要的量即可。

葱

将大葱、小葱等切好之后放入冷冻保存袋。使用时只取适当的量直接放入锅中即可。

海鲜

虾、切好的鱼肉等经常用到的海鲜，在打折的时候买来，冷冻保存起来会很方便。冻虾仁等冷冻售卖的食材也可以直接储存。

肉

将肉分成100克、200克等方便使用的小份冷冻保存起来。常温解冻，或是在前一天晚上提前放入冰箱冷藏室解冻皆可。还可以用微波炉解冻。

↓

121页 多彩猪肉卷

57页 能量猪肉盖饭

2 方便常备的食材

罐头

金枪鱼、腌牛肉、玉米这类罐头想起来就买一些常备。只要有一点蔬菜，就能快速完成一道不错的小菜。

乌冬面、米饭

冷冻乌冬面或干挂面这类食物可以作为肚子饿时的速成食品。还可以把做好的米饭分成小份用保鲜膜包好冷冻起来。

腌制品

本书中有很多使用腌梅干、柴渍咸菜、藠头、泡菜等腌制品做出的美味菜品。

鸡蛋、奶酪

鸡蛋和奶酪虽然不能长期保存，但每天都是必不可少的食材，也是制作快捷美味的必需品。

↓

24页 炒腌牛肉

67页 麻酱蘸乌冬

22页 奶酪泡菜炒猪肉

90页 各类鸡蛋小菜

3 用冷藏或冷冻的预备小菜制作的“即时饭”

将做好的食物放入保存容器中，在冷藏库或冷冻库中提前保存起来，吃的时候只需重新加热，饭菜就能马上做好。要及时观察食物的保存情况，尽早全部吃掉哦。

要点① 即便放久也好吃（越久越好吃）的菜肴更适合做预备小菜

卤蛋、炖菜之类的食物入味后会更好吃，所以适合冷藏。另外，对于那些即使冻起来也不会改变口感的食物，那就安心放入冷冻箱吧，一到两个月后也能美味食用哦。

要点② 冷冻保存要分成小份

冷冻时请按照一顿的分量分成小份。注意微波炉加热不要过久。熟练地进行加热吧！

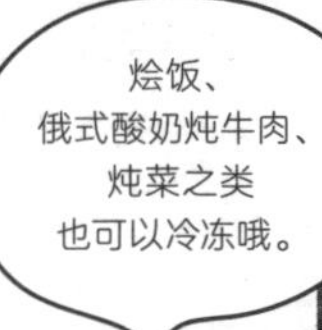

第二章

绝品！

肚子饿的时候，让人大饱口福的菜肴

第二章的主人公是：

坂田阿希子女士

积累了法式点心店和法国餐厅双重经验的独立工作者。烹饪教室"studio SPOON"的主持人。因手法专业的实力家常菜而享有盛誉。出生于稻米之乡，非常喜欢大米和酒。从西餐、日餐到异域美食，从家常菜到点心，坂田阿希子擅长的领域非常之广。

著有《番茄之书》《土豆之书》（东京书籍）、《杂烩饭和焗饭》（立东社）、《三明治教材》《汤教材》等全六册教学丛书（东京书籍）、《不会太甜的美味点心》（家庭之光协会）等众多书籍。2019年11月，在东京代官山的西鲁塞尔德露台开设了一家西餐店。

"studio SPOON" http://www.studio-spoon.com

"一天结束了,肚子好饿!"
想给此时的自己和家人品尝的拿手好菜,
下面就来为您一一介绍。
你可以在里面找到一些经典菜品的史上最棒配方
(例如饺子和油炸食品)。
在家里一边放松一边品尝这幸福的菜肴吧。

大口品尝多汁而鲜嫩的炸牛排，绝美的奢华菜肴

炸牛排

材料（两人份）

牛里脊肉…2片（200－300克）
食盐、胡椒…各适量
面粉、生面包糠、煎炸油、猪油…各适量
A 蛋液…1/2个鸡蛋的量
水…1大匙
面粉…2大匙
法式牛骨烧汁…适量

炸牛排 # 半熟牛排
肉食爱好者
美味法式牛骨烧汁

制作方法

1 将牛肉从冰箱中取出，室温放置2小时回温。两面撒盐和胡椒粉后裹上面粉，再放入冰箱冷藏30分钟左右。

2 将面包糠捻细。在冷藏后的牛肉上裹一层面粉。抖掉多余的面粉后，依次用搅拌好的材料**A**、生面包糠挂糊。

3 在煎炸油中加入猪油（按照每500毫升煎炸油配250毫升猪油的比例），加热至200℃左右，放入步骤**2**的食材，炸30秒后捞起一次，晾置3分钟左右，然后放回油中炸30秒，再晾置2至3分钟冷却。

4 切好后装盘，浇上法式牛骨烧汁。还可根据个人喜好添加水芹叶、柠檬瓣。

赋予这道工序简单的炸牛排生命！

美味法式牛骨烧汁

材料（易制作的分量）

洋葱…1/2个
胡萝卜…1/2根
芹菜…1/4根
番茄…1个
红葡萄酒…1/2杯
A 法式牛骨烧汁罐头…1罐
牛肉高汤（粉末）…1/2小匙
食盐…适量
黄油…50克

制作方法

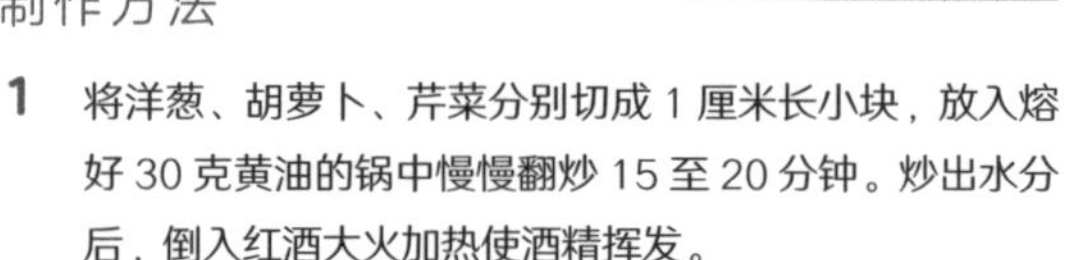

1 将洋葱、胡萝卜、芹菜分别切成1厘米长小块，放入熔好30克黄油的锅中慢慢翻炒15至20分钟。炒出水分后，倒入红酒大火加热使酒精挥发。

2 加入切成大块的番茄，一边碾碎一边翻炒，然后加材料**A**煮5至6分钟。在锅里静置散热。

3 食材用食品处理器加工后以笊篱过滤，然后倒回锅中继续加热。一边尝味一边加盐调味，出锅时最后加入20克黄油。

（《油炸食物》，漫画单行本第7卷）

外皮酥脆，内馅软嫩多汁。

黄瓜与鸡蛋的口感差异是美味的关键！

煎饺
~炒鸡蛋和黄瓜入馅~

《煎饺》，漫画单行本第5卷）

材料（约 20 个饺子分量）

饺子皮…约 20 张
猪肉馅…200 克
黄瓜…1 根
鸡蛋…2 个
A 酱油…2 大匙
食盐…1/3 小匙
清酒…1 大匙
葱花…1 根的量
生姜泥…1 大段的量
蒜泥…1/3 小匙
白芝麻油、芝麻油…各 2 小匙
色拉油…1 大匙

制作方法

1 将黄瓜切成 5 毫米厚的小片，在平底锅里热好芝麻油后倒入迅速翻炒，然后盛出来冷却。接着用大火加热白芝麻油，打入鸡蛋迅速炒好。

2 将猪肉馅放入碗中，加入 3 大匙水，混合均匀，再加入材料 **A** 和步骤 **1** 的食材搅拌均匀。

3 展开饺子皮，放上步骤 **2** 的食材，将饺子皮边缘沾水后一边对折一边捏褶固定。

4 在平底锅中涂一层色拉油，摆好饺子后上火加热。待饺子皮稍微变色后倒入 1/2 杯水，盖上锅盖用强力中火焖煎至水分几乎完全蒸发。打开锅盖开到大火，均匀洒上白芝麻油（主材料之外），煎至饺子皮周围变酥脆为止。根据个人喜好蘸醋、辣椒油、酱油食用。

饺子 # 煎饺
清脆爽口 # 软嫩香滑 # 汁水饱满

烹饪小窍门

隐藏秘方的黄瓜和炒鸡蛋
带来令人着迷的口感

包了黄瓜和炒鸡蛋的饺子，比起以往增加了清脆爽口和软嫩香滑的口感，绝对是让人上瘾的饺子。

蛋包饭 # 入口即化 # 鸡蛋 # 鸡肉饭 # 半熟鸡蛋

老少皆宜
无人不爱的
王牌菜谱

蛋包饭

做到极致软嫩的话，切开的瞬间鸡蛋就会在饭上滑滑地缓缓展开。

材料（两人份）

热米饭…320 克
鸡蛋…6 个
鸡腿肉（混合鸡胸肉也可以）…120 克
洋葱…1/4 个
蘑菇…4 个
黄油…2 大匙
A
- 食盐…1/2 小匙
- 胡椒…少许
- 番茄酱…3－4 大匙
- 番茄泥…1 小匙

白葡萄酒…2 小匙
食盐…适量
B
- 黄油…1 小匙
- 色拉油…2 小匙

番茄酱，或者自制的番茄沙司…适量

制作方法

1 将鸡肉切成 1 厘米厚的肉块。洋葱切成 1 厘米小块，蘑菇切成薄片。

2 用平底锅熔化黄油，放入鸡肉炒至变色后加入洋葱翻炒，再加入蘑菇继续炒。然后加入材料 **A** 一起翻炒。

3 加入米饭和白葡萄酒翻炒均匀后装盘。

4 在碗中打散 3 个鸡蛋，加入少量食盐搅拌均匀。在平底锅内倒入一半材料 **B** 加热，开到大火将蛋液一口气倒入，全部混合后做成蛋卷的形状。然后用同样的方法再做一个蛋卷。将蛋卷盖在步骤 **3** 的食材上，浇上番茄酱或番茄沙司。如果有的话也可以摆上西芹。

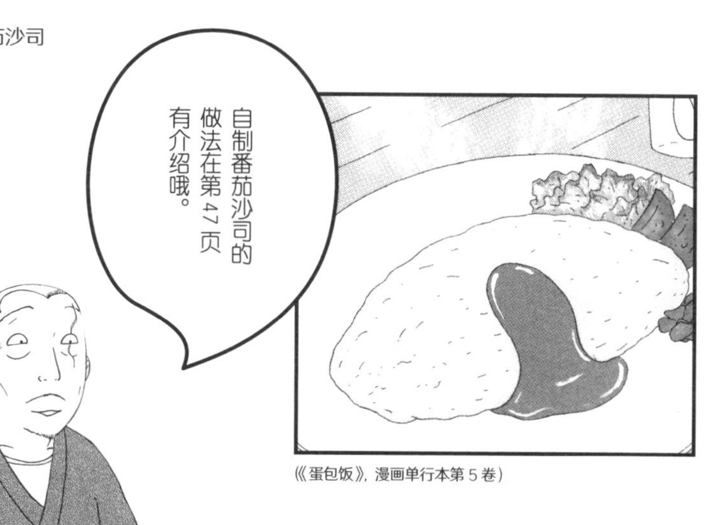

（《蛋包饭》，漫画单行本第 5 卷）

（《土豆炖肉》，漫画单行本第 2 卷）

不加水即可完成，满满牛肉浓香的美味炖菜

土豆炖肉

土豆炖肉 # 妈妈做的味道 # 无水烹饪 # 软烂口感 # 这就是无人不爱的菜肴

烹饪小窍门

用猪油代替食用油是美味的秘诀

猪油就是猪肉的油脂。加热后马上熔化。在超市之类的地方就能轻易买到，所以一定要入手啊。

材料（两人份）

牛肉片…400 克
马铃薯（推荐北海道男爵马铃薯）…3 一 4 个
洋葱…1 大个
胡葱…4 根
魔芋丝（粗）…1 袋
猪油…20 克
清酒…1 杯
砂糖…3 一 4 大匙
酱油…4 大匙

制作方法

1. 土豆去皮，将牛肉和土豆切成一口食用的大小。洋葱切成瓣状，胡葱切成 4 一 5 厘米长的葱段。魔芋丝焯水后沥干，切成 2 一 3 等份的长度。

2. 在锅中将猪油加热熔化，放入一半的牛肉，炒至牛肉表面变脆后，加入土豆一起翻炒。盖上锅盖用弱中火焖 10 分钟左右。等到牛肉变酥脆、土豆表面变透明后加入魔芋丝和洋葱。

3. 加入剩余的牛肉、清酒和砂糖后盖上锅盖。用弱中火焖煮 10 至 15 分钟，直到土豆变软。

4. 加入酱油，继续焖 5 至 6 分钟，然后放入胡葱，再次盖上盖子焖煮 5 分钟。最后摇晃锅身将全部食材摇匀。

虽然简单但却想吃一辈子，吃了还想吃的一道美食

中华凉面

材料（两人份）

中华面…2一3份
火腿…3一4片
鸡蛋…2个
卷心菜…4片
洋葱…1/2个
黄瓜…1根
番茄…1个
干香菇…4个

A
- 出汁…1杯
- 干香菇泡发水…1/2杯
- 砂糖、酱油…各2大匙
- 日式甜料酒…1大匙

<调味汁>
- 醋…4大匙
- 酱油…1/2杯
- 砂糖…1又1/2大匙
- 芥末…1一2小匙

制作方法

1 将干香菇泡发后放入锅中，加入材料A上火煮沸，然后盖上锅盖用小火焖煮。煮至汤汁基本收干后切成薄片。

2 将卷心菜焯水后随意切块，然后滤干水分。洋葱切成薄片浸水去刺激气味。番茄切成薄片，黄瓜切丝，火腿切成细条。混合调味汁的材料。

3 将鸡蛋充分打散，加入少许食盐做成薄蛋饼，然后切成细丝。

4 将中华面煮熟后用水冲洗，再用冰水冷却后沥干水分。装盘，浇上一半调味汁，然后将配菜分别整齐摆入盘中，再浇上剩余调味汁。芥末酱根据个人喜好添加。

（《中华凉面》，漫画单行本第6卷）

#中华凉面
#夏日菜单#经典
#活过来了~
#想吃凉面的心情

一切开薄脆的外皮就溢出来，

黏稠浓厚的蟹肉奶油让人欲罢不能。

蟹肉奶油可乐饼

将番茄酱涂在蟹肉奶油可乐饼上享用吧

（《蟹肉奶油可乐饼》，漫画单行本第 11 卷）

蟹肉奶油 # 蟹肉奶油可乐饼 # 自制 # 奶油味 # 自家食堂

材料（12 个的分量）

蟹肉（焯过水）…200 克
洋葱…1 个
面粉…80 克
黄油…50 克 +1 大匙
牛奶…3 杯
食盐…1/2 小匙 +1/3 小匙
白胡椒…适量
白葡萄酒…1/4 杯
柠檬汁…少许
煎炸油、面粉、面包糠（捻细）…各适量

A 蛋液…1/2 个的量
水…1 大匙
面粉…2 大匙

番茄酱、西芹…各适量

制作方法

1 锅中熔化 50 克黄油，加入面粉仔细翻炒。将牛奶分次少量加入锅中搅开，保持不结块的顺滑状态，然后加入 1/2 小匙食盐和少许胡椒粉搅拌均匀。

2 将洋葱切成末，在平底锅中熔化 1 大匙黄油后进行翻炒。炒至透明后加入蟹肉和白葡萄酒，用大火熬干。轻轻撒上 1/3 小匙的盐和少许胡椒粉，再加入柠檬汁。

3 将步骤 **1** 和 **2** 的食材混合，铺在平底盘中放入冰箱，冷却至完全凝固。

4 在手上涂抹色拉油（主材料之外），将步骤 **3** 的食材分成 12 等份，然后排出空气捏成草包形。表面涂抹一层面粉，用混合好的材料 **A** 和面包糠依次挂糊，放入 170℃的煎炸油中炸至表面焦黄色。西芹也迅速过油，然后轻轻撒上食盐（主材料之外）。

5 在容器中涂上一层番茄沙司，将步骤 **4** 的食材装盘。

香味浓郁，口感绝佳的酱汁

番茄酱

材料（易制作的分量）

番茄泥…70 克
培根…30 克
洋葱…1/2 个
胡萝卜…1/4 根
大蒜…1 瓣
黄油…40 克
鸡汁…2 杯
（2 杯水中加入 1/2 小匙鸡精）
面粉…20 克
砂糖、食盐…各 1 小匙
胡椒…少许
月桂叶…1 片
柠檬汁…1 小匙

制作方法

1 将大蒜捣碎，洋葱、胡萝卜、培根切成 1 厘米的小块。

2 在锅中热好 20 克黄油，放入大蒜和培根翻炒。炒出香味后加入洋葱和胡萝卜继续翻炒。筛入面粉，一直炒至粉状消失。

3 将鸡汁一点一点加入，然后倒入番茄泥、砂糖、食盐、胡椒、月桂叶，小火烹煮 15 分钟左右。用笊篱过滤后，轻轻沥干汁水倒入另一个锅中（残留在笊篱上的蔬菜全部舍弃）。

4 将锅放在火上，最后慢慢加入 20 克切成小块的黄油，放入柠檬汁。

《玉米烙》，漫画单行本第 21 卷）

简单的时令甜玉米炸面糊

玉米烙

材料（两人份）

玉米… 1 根
香菜… 1 束
面粉…适量
鸡蛋液
… 1/2 个的量（2 大匙）
冷水… 1/4 杯
煎炸油…适量
食盐、柠檬…各适量

玉米 # 什锦天妇罗
香菜

制作方法

1 用菜刀将玉米粒刮下来。香菜切成碎末。

2 放入碗中混合两者，撒入 30 克筛好的面粉，再加入鸡蛋液和冷水轻轻搅拌均匀。

3 将步骤 **2** 的食材用勺子舀入 170℃的煎炸油中，炸至恰到好处。最后加上食盐和柠檬享用。

烹饪小窍门

用香菜提香

加了香菜之后，味道会焕然一新，能够更加凸显玉米的香甜。因为玉米容易崩开，所以注意油温不要过高。

材料（两人份）

鸡腿肉…2片

食盐、胡椒、面粉、蛋液…各适量

A 醋、酱油…各2大匙
砂糖、水…各1大匙

<塔塔酱>

煮鸡蛋碎…2个的量

（将蛋白中的水分用纸巾拧出）

米糠腌黄瓜碎…1/4根的量

藠头碎末…3—4个的量

蛋黄酱…6大匙

英国辣酱油、食盐…各少许

制作方法

1 将鸡肉处理成厚度均匀的大小。用叉子在表皮各处戳几个洞，轻轻撒上盐和胡椒，然后厚厚裹一层面粉。

2 处理好的鸡肉浸上蛋液，用170℃的煎炸油慢慢炸制，最后稍微调高火，炸至酥脆后取出。迅速蘸上混合好的材料**A**。

3 将塔塔酱的材料搅拌均匀后添加在步骤**2**的食材上。如果有的话，加上生菜丝、番茄瓣和西芹。

塔塔酱中使用米糠腌菜和藠头会很好吃！

南蛮鸡

（《南蛮鸡》，漫画单行本第14卷）

牛肉的美味融入酸奶中，成为最棒的佳肴

俄式酸奶炖牛肉

材料（四人份）

牛腿肉片…300克
洋葱…1个
蘑菇…6—7个
番茄泥…2大匙
法式小牛高汤…1罐（280克）
白葡萄酒…1/2杯
面粉…20克
生奶油…1杯
原味酸奶…1/2杯
食盐…1小匙
胡椒…少许
黄油…20克+1大匙
色拉油…2大匙
莳萝末…适量
热米饭…适量

制作方法

1 将蘑菇切成5毫米厚的薄片。牛肉切成1厘米宽的细条。在平底锅中倒入一半色拉油加热，大火迅速翻炒牛肉，等到变色后轻轻撒上盐和胡椒（主材料之外），立即取出。继续加热剩余的色拉油，炒熟蘑菇后盛出。

2 在平底锅内添加20克黄油，炒制切成薄片的洋葱。炒软后加入番茄泥，然后倒入筛好的面粉继续翻炒。倒入白葡萄酒，开至大火。

3 待白葡萄酒熬至约一半的量时，加入法式小牛高汤继续熬。将步骤**1**的食材放入锅中轻轻搅拌，然后加入混合好的生奶油和原味酸奶，加盐和胡椒调味。

4 米饭中混入莳萝和1大匙黄油后装盘，浇上步骤**3**的食材，有多余莳萝可以再点缀少许。

《俄式酸奶炖牛肉》，漫画单行本第3卷）

只要有高汤罐头，在家就能做出正宗的味道。米饭的话，本书52页介绍的烩黄油饭味道也不错哦。

烹饪小窍门

用小牛高汤罐头
地道口味简单上手

小牛高汤是法国料理的基础品，是用小牛的肉和骨头熬制成的调味汤。只要使用罐头就能一口气还原正宗口味！在超市等地方就能买到。

正宗菜肴 # 出乎意料地简单 # 米饭狂热分子 # 小牛高汤 # 小心！太好吃了

将生米炒过后再煮熟，是最顶级的烩饭。
无论是搭配酱油，还是浇上炖菜

黄油饭

《黄油饭》，漫画单行本第 3 卷）

材料（易制作的分量）

大米…2 杯（340 克）
洋葱…1/2 个
A 鸡肉浓汤…2 杯
　月桂叶…1 片
　食盐…2/3 小匙
黄油…30 克

制作方法

1 将米洗净后用笊篱捞起。洋葱切成碎末。

2 在锅里熔化黄油，将洋葱末炒至变软后加入大米，继续炒至大米表面略透明。加入材料 **A**，盖上锅盖大火烹调。锅开后改为小火煮 10 至 12 分钟，然后关火闷 10 分钟。

3 装盘，根据个人喜好加入黄油、酱油、粗黑胡椒粉。

缓缓倒入黄油和酱油 # 止不住添饭
刚出锅的奢华享受 # 明天浇炖菜吧 # 黄油饭 # 黄油杂烩饭

虾仁烩饭 # 烩饭 # 用锅煮饭 # 什锦杂烩饭 # 口感硬的更好吃

（《虾仁烩饭》，漫画单行本第 14 卷）

吸收了黄油、虾仁、蘑菇等食材的香气，用锅烧制的烩饭

虾仁烩饭

材料（易制作的分量）

大米… 2 杯（340 克）
虾仁… 180 克
洋葱… 1/2 个
蘑菇… 4 个
青豌豆… 80 克
白葡萄酒… 1/4 杯
汤（鸡肉高汤）… 2 杯
食盐… 1 又 1/3 小匙
黄油… 30 克

制作方法

1 将洋葱切成碎末，虾仁快速洗净擦干，蘑菇切成薄片。青豌豆从豆荚中取出后用盐水焯一下。

2 在锅里熔化黄油，将洋葱炒至变软后加入蘑菇继续炒，然后加入虾仁，翻炒均匀后加入白葡萄酒。转大火蒸发酒精，加入大米炒至均匀沾油，再加入汤和盐。

3 盖上锅盖，大火煮开后改为小火再煮 10 分钟，关火后放入青豌豆，闷 10 分钟。

重点是挂糊！挂两层糊炸至酥脆，

铭记一生的菜谱

炸鸡块

《炸鸡块》，漫画单行本第 7 卷）

炸鸡块 # 油炸食品 # 油炸社团

一周吃一次 # 这个脆皮绝了 # 终于相遇了

理想的炸鸡块 # 炸猪排盖饭不错，炸鸡块盖饭也超好吃

材料（两至三人份）

鸡腿肉…1片（250克）
鸡胸肉…1片（250克）
A
- 蒜泥…1/2小瓣的量
- 生姜泥…1/2大段的量
- 酱油…1大匙多
- 食盐…1/3小匙
- 砂糖…1/2小匙
- 清酒…1大匙

面粉…1—2大匙
马铃薯淀粉…适量
芝麻油…1/2大匙
煎炸油…适量

制作方法

1 将鸡腿肉多余的皮切掉，去除筋和明显的脂肪，然后切成一口大小的肉块。

2 将鸡胸肉竖着对半切开后切成大块，放入碗中，倒入芝麻油揉搓均匀。

3 在另一个碗中将材料**A**混合搅拌均匀。放入步骤**1**和**2**的食材用手仔细揉搓，然后静置腌制30分钟以上。

4 加入面粉搅拌至所有鸡肉块呈黏性（如果不发黏就继续加面粉）。

5 给每块鸡肉裹上淀粉，将多余的淀粉抖掉。

6 油温加热到160—170℃，低温慢慢炸步骤**5**中的食材，直至鸡块表面稍微凝固，颜色变浅，翻转重复几次，最后用大火炸至金黄酥脆。

合理安排

第二天可以和鸡蛋配合食用。也可以根据喜好撒上黑七味

炸鸡亲子盖饭

材料（一人份）

炸鸡块…2—3块　洋葱…1/4个　鸭儿芹…1—2根　蛋液…2个的量　出汁…1/2杯　**A**（酱油…1又1/2大匙　清酒、日式甜料酒…各1/2大匙　砂糖…1/2大匙）　热米饭…1人份

制作方法

1 将洋葱竖着切成薄片，鸭儿芹切成2厘米大小，大块的炸鸡可以对半切开。

2 将出汁倒入小号平底锅中烧开，放入材料**A**、洋葱和炸鸡块。煮开后加入半份蛋液，盖上锅盖小火加热。等蛋液开始凝固后均匀倒入剩余蛋液，盖上锅盖烧至半熟。

3 将米饭装碗后，浇上步骤**2**的食材，最后放入鸭儿芹。

《炸鸡亲子盖饭》，漫画单行本第15卷）

炸土豆条

久等了。
炸土豆条。

《炸土豆条》，漫画单行本第 11 卷）

只需对土豆稍加处理，

就能做得更甜更香更酥脆！

炸土豆条

材料（易制作的分量）

土豆（五月皇后品种）…4—5个

色拉油…适量

猪油…适量

食盐…适量

制作方法

1 将土豆连皮煮熟或蒸熟，烧至竹扦可以轻松穿过的程度，捞出静置冷却。然后放入冰箱晾置一晚（即便当天就想吃，也要最少冷藏 10 分钟）。

2 将土豆竖切分成 6 至 8 等份，如果长度过长，再横着从中间对切。

3 色拉油中加入 1/3 到 1/2 量的猪油，然后将混合好的煎炸油加热到 180℃，放入步骤 **2** 的食材进行油炸。反复炸几次，直至表面呈焦黄色，捞出撒盐。

炸土豆条 # 薯条
放着不管竟然会变成这样
根本停不下嘴 # 加盐派
番茄酱派 # 感动

烹饪小窍门

放置即可！
渗出淀粉后别有风味

将土豆先烹熟再放入冰箱晾置（在冰箱冷藏 3 天左右，或是长期冷冻保存皆可），淀粉渗出后，口味也会随之变得甘甜。而且有了表皮渗出的淀粉，即便不再加淀粉也能做得很酥脆。

腌梅干和藠头的甜酸辣组合让人欲罢不能，
疲劳的感觉会瞬间消失

能量猪肉盖饭

材料（两人份）

猪里脊肉切片…300 克
洋葱…1/2 个
腌梅干…1 个
藠头…100 克
A ┌ 清酒、日式甜料酒
　│ …各 3 大匙
　│ 酱油…2 大匙
　└ 生姜泥…1 大段的量
色拉油…2 大匙
芝麻油…少许
热米饭…适量

制作方法

1 将藠头竖着对半切开，洋葱切成瓣状。

2 将猪肉和洋葱放入材料 **A** 中腌制 20 分钟左右入味。

3 在平底锅里烧热色拉油，将步骤 **2** 的食材沥汁后倒入进行翻炒。待稍微变色后，加入腌梅干和藠头快速翻炒，再倒入步骤 **2** 的腌渍汁，用大火翻炒均匀。根据喜好一点点加入甜醋，搅拌均匀，最后淋上芝麻油炒匀。

4 将米饭盛入碗中，满满盖上步骤 **3** 的食材。

能量丼 # 能量盖饭 # 男子汉饭 # 明天也加油吧
迈向明天的活力 # 充电饭 # 受男友欢迎

《能量盖饭》，漫画单行本第 16 卷）

附录2

分享自家深夜食堂！
拍照好看的诀窍

最近，大家都会把做好的食物拍成照片记录下来，在社交媒体上分享。
下面我们会来介绍一些能让照片收获点赞的拍照技巧，
从此再也不用担心自己"拍得好烂"了！

1 拍摄的诀窍

好看 > 闪光灯

在拍摄食物照片时，闪光灯是不合适的。最好是在有自然光照入的房间进行拍摄。傍晚虽然有些暗也能拍得很清楚。即使是晚上，也可以巧妙地运用灯光，而不要使用闪光灯。记得要从没有影子的方向拍摄。

对准焦点

将拍摄焦点对准食物中心。用手机拍摄的时候，用手指轻触画面也会出现类似于对焦的功能。画面模糊是不行的。

注意摆盘、器皿以及背景环境

尽心尽力制作的食物，如果搭配周围脏乱的环境就太糟蹋了。看看盘子边缘沾上菜了吗？有没有拍到多余的东西？摆盘也比平时稍微注意一下吧。

餐桌和桌布用深色更有深夜食堂的感觉

餐桌或桌布选用深色的话，深夜食堂的感觉会更加强烈，使食物散发出素雅的质感。

2 享受修图的乐趣

“深夜食堂感”要稍稍增强对比度

调整画质的话，提高“对比度”和“色彩饱和度”，就能拍出深夜食堂感强的照片。亮度也可根据喜好适当调高。

构图裁剪也能改变

照片的构图偏向和器皿的入镜范围也可以调整。这些技巧也可以参考本书的照片。

自己觉得“好看”的滤镜，才是你的风格

没有修图的照片不一定就是好照片。滤镜也是自己的风格。你的眼中最完美的修图正表达了你的个性。这是你的作品，自由地进行创作吧！

也可以使用自己喜欢的修图软件

使用默认相机来享受修图的乐趣自不必说，当然也可以使用别的拍照软件。最近用来拍摄美食的手机应用程序也有很多，找找自己喜欢的吧。

第三章

身心都暖暖的!
疲惫时候的治愈系菜肴

有些感冒、没有食欲、肠胃不舒服、累得提不起劲、想暖暖身子……
生活中偶尔也会有身心状态不佳的日子呢。
"虽然很想早点回去休息，但是总得吃点什么"，
下面为您介绍这种时候的治愈之味。

第三章的老板是：

小堀纪代美女士

在东京富谷的咖啡厅“LIKE LIKE KITCHEN”担任厨师兼店主至 2012 年，现在作为料理家在杂志上很活跃。擅长使用香料和香草的菜色。自家开办的烹饪教室火爆到预约不上。著有《水果沙拉和甜点：更美味的组合》（NHK 出版）、《预约不上的烹饪教室：LIKE LIKE KITCHEN 的美味配方》（主妇之友社）等书。

芝麻油的醇香和黄瓜的口感在酷暑天也能勾起食欲

夏季猪肉味噌汤

材料(易制作的分量)

猪五花肉薄片…150克
黄瓜…1根
牛蒡…1/2根
胡萝卜…1/3根
灰树花…1包
食盐、胡椒…各少许
出汁(推荐用海带和鲣鱼熬制)
…4杯
调和味噌…1大匙
八丁味噌、芝麻油…各1又1/2大匙
A 生姜泥…2段的量
阳荷薄片…2个的量
芝麻油…少许

制作方法

1 将黄瓜切成薄片，牛蒡斜切成薄片，胡萝卜去皮后切成半月形，灰树花拆散。

2 在锅中加入猪五花肉和芝麻油，一边将肉炒散一边裹上油。猪肉变色后撒上盐和胡椒，再加入除黄瓜以外的蔬菜快速翻炒。倒入出汁，煮沸后撇去浮沫，继续煮至蔬菜熟透。

3 关火后加入味噌酱搅拌溶化，味道不足则多加一些。然后加入黄瓜迅速煮沸，黄瓜颜色变鲜艳后加入材料A，完成。

芝麻酱的浓香搭配卷心菜的口感，超美味的猪肉汤

冬季猪肉味噌汤

材料(易制作的分量)

猪五花肉薄片…150克
卷心菜…150克
牛蒡…1/2根
胡萝卜…1/3根
灰树花…1包
食盐、胡椒…各少许
出汁（推荐用海带和鲣鱼熬制）
…4杯
调和味噌…1大匙
八丁味噌…1又1/2大匙
芝麻酱…1大匙
芝麻油…1又1/2大匙

制作方法

1 将卷心菜切丝，牛蒡斜切成薄片，胡萝卜去皮后切成半月形，灰树花拆散。

2 锅中加入猪五花肉和芝麻油，一边将肉炒散一边裹上油。猪肉变色后撒上盐和胡椒粉，再加入所有蔬菜快速翻炒。倒入出汁，煮沸后撇去浮沫，继续煮至蔬菜熟透。

3 关火后加入味噌酱和芝麻酱搅拌溶化。味道不足则多加一些味噌酱调味。根据喜好撒上七味粉[①]等调料。

①译者注：七味粉，简称“七味”，是日本料理中一种以辣椒为主材料的调味料，由辣椒和其他六种不同的香辛料配制而成。

《鸡蛋三明治》，漫画单行本第 2 卷）

猪肉味噌汤 # 暖身食谱 # 配菜汤 # 应季猪肉汤 # 治愈系菜肴

馄饨 # 想多撒点香菜 # 干拌馄饨 # 冷冻食材

滑溜溜的口感让人欲罢不能。易于消化的深夜食谱

干拌馄饨

材料（三至四人份）

馄饨皮…30 张

A
- 鸡肉馅…100 克
- 虾肉丁…100 克
- 芹菜末…100 克

B
- 马铃薯淀粉…1 小匙
- 生姜泥…1 小匙
- 食盐…1/2 小匙

<调料>

葱末…1 小把

砂糖、醋…各 2 小匙

食盐…1/2 小匙

炒白芝麻…1 大匙

辣椒油…适量

香菜…适量

制作方法

1 将材料 **A** 倒入碗中混合后，再加入材料 **B** 混合搅拌均匀。

2 在馄饨皮正中间放上 1 小匙步骤 **1** 的食材，边缘沾水后对折捏成三角形。

3 倒入沸水中煮 2 分钟左右，然后捞出沥水。装盘后浇上混合均匀的调料，最后放上香菜。

烹饪小窍门

只需简单折叠就能做出的方便小点心

和饺子、烧麦相比简单得多的馄饨。无论是夜深还是疲惫之时，随手一煮马上就能吃到。

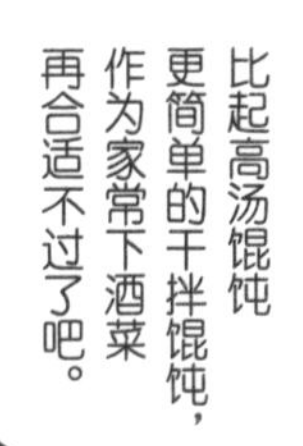

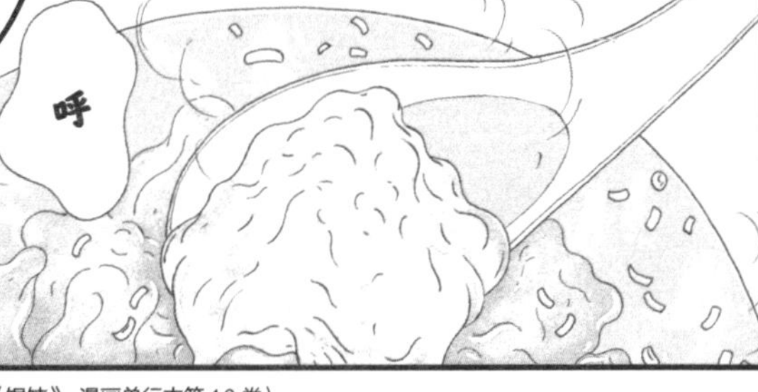

（《馄饨》，漫画单行本第 10 卷）

宿醉或肝脏疲劳时推荐食用的蚬贝。

扩展你的拿手好菜吧

蚬贝汤

~异域风味汤~

《蚬贝汤》，漫画单行本第 13 卷）

材料（两人份）

蚬贝（除沙）…250 克

A
- 葱末…适量
- 生姜末…1 段的量
- 香菜茎碎末…1 一 2 根的量
- 干虾碎末…1 小匙

清酒…1/2 大匙

鱼露…1/2 小匙

食盐…适量

芝麻油…1/2 大匙

制作方法

1. 在锅中倒入芝麻油和材料 A，小火炒出香味后加入蚬贝快速翻炒。
2. 依次加入清酒和两杯水，稍微煮沸后撇去浮沫。加入鱼露和盐调味。

蚬贝汤 # 蚬贝的力量 # 宿醉

恢复 # 喝腻了味噌汤就换这个

最强的手工芝麻酱配方。
少量香料的隐藏秘方才是决胜关键

麻酱蘸乌冬

《麻酱蘸乌冬》，漫画单行本第18卷）

材料（两人份）

冷冻乌冬面…2份

A
- 芝麻酱…3大匙
- 醋、味噌酱、芝麻油、炒白芝麻…各1大匙
- 花椒（粉 / 中国花椒）…1又1/2小匙
- 肉桂（最好用粉）…适量
- 酱油…1小匙
- 砂糖…1/2大匙
- 蒜泥、生姜泥…各少许
- 水…1/4杯

生姜泥、炒白芝麻…各少许

制作方法

将乌冬面按照包装袋上的时间煮熟，用凉水去除表面的黏液，然后用笊篱捞出沥水。加入生姜末和芝麻，蘸着混合好的材料**A**食用。

烹饪小窍门

用花椒、肉桂等香料
迅速提味

花椒是中餐里香味很重的香料。花椒和肉桂等香料在超市均可买到。它们能让手工自制的芝麻酱展现出市售芝麻酱没有的美味。

麻酱乌冬 # 冷冻乌冬
芝麻酱也是手工自制
只需搅拌

什锦小炒 # 冲绳风情 # 炸豆腐 # 健康食品 # 鸡蛋要半熟

用炸豆腐制作，味道和口感俱佳的什锦小炒

苦瓜什锦小炒

材料（两人份）

苦瓜…1/2 根
猪肩里脊肉薄片…120 克
炸豆腐…180 克
A 鸡蛋…2 个
三温糖…1/3 小匙
食盐…适量
B 酱油、耗油…各 1/2 小匙
清酒…2 小匙
食盐…适量
粗黑胡椒粉…少许
芝麻油…1 又 1/2 大匙

制作方法

1 将苦瓜竖着对半切开，去籽去瓤，然后切成 7 至 8 毫米的厚度，撒上少许盐轻轻揉搓洗净。炸豆腐和猪肉均切成一口大小。将材料 **A** 中的鸡蛋打散，与剩余材料搅拌均匀。

2 在平底锅中放入 1 大匙芝麻油，大火加热，然后将材料 **A** 倒入，迅速翻炒后出锅。

3 将剩余的芝麻油倒入锅中加热，放入炸豆腐和猪肉煎烤。加入苦瓜快速翻炒，再倒入材料 **B** 翻炒均匀，最后将步骤 **2** 的食材倒回锅中一起炒。

（《苦瓜》，漫画单行本第 8 卷）

烹饪小窍门

用比豆腐味道更浓郁的炸豆腐

用炸豆腐做的什锦小炒，味道会更浓郁，口感也更好。跟芝麻油的口味太搭了。

（《奶油炖菜》，漫画单行本第 5 卷）

炖菜 # 热热的 # 暖暖的 # 奶油炖菜
今天用猪肉 # 下次用鸡肉 # 炖菜派是米饭派
黄油面糊 # 黄油面酱很简单 # 无添加

自制黄油面酱只需要黄油和面粉，超简单！
让人想早点回家的味道

奶油炖菜

材料(易制作的分量)

猪肩里脊肉（炸猪排用的肉也可以）…600克
土豆…2个
洋葱…2个
胡萝卜…1根
食盐…1小匙
牛奶…3杯
丁香（如果有）…2根
月桂叶…2片
黄油面糊（手工黄油面酱）…20一30克
热米饭…适量

制作方法

1 将猪肉切成一口大小的大块，撒盐揉搓后腌制15分钟以上。土豆去皮切成3至4块。洋葱竖着对半切开嵌入丁香。胡萝卜去皮切成1厘米厚的圆片。

2 在锅中放入猪肉、洋葱、胡萝卜、三杯水、月桂叶，大火煮沸后撇去表层的浮沫，转中小火炖40至50分钟。中途（30分钟左右）加入土豆。

3 肉变软后倒入牛奶和黄油面糊煮至黏稠，根据口味加入盐和胡椒（主材料外）调味。

4 米饭装盘，浇上步骤**3**的食材。再根据个人喜好撒上香菜末和粗黑胡椒粉。

用黄油和面粉1比1熬制的手工黄油面酱，方便保存

黄油面糊

材料和制作方法(易制作的分量)

用小锅或平底锅小火干炒50克面粉，注意不要炒焦。再加入50克黄油充分搅拌，不要结块，熬制好后冷却凝固。放入冰箱中冷冻可保存一个月。

用紫菜和芥末做出最简单的成熟口感

紫菜芥末茶泡饭

材料(两人份)

芥末泥…适量
烤紫菜片…适量
A 出汁（推荐用海带和鲣鱼熬制）…2杯
淡酱油…1/2大匙
食盐…1/4小匙
热米饭…2茶碗

制作方法

将材料A稍微煮沸，然后适量倒入米饭碗中，放上芥末泥和紫菜片。

（《茶泡饭》，漫画单行本第2卷）

茶泡饭 # 紫菜芥末 # 腌梅子也不错 # 茶泡饭热潮

没有蛋黄酱也香浓！根本停不下筷子的王牌小菜食谱

终极土豆沙拉

《土豆沙拉》，
漫画单行本第 1 卷）

材料（易制作的分量）

土豆…350 克（去皮）
火腿…30 克
鸡蛋…2 个
黄瓜…1 根
A 苹果醋（米醋也可）、
橄榄油
…各 1 大匙
第戎芥末酱
…2 大匙
红洋葱末
…1 大匙
食盐…1/2 小匙
粗黑胡椒粉…少许
橄榄油…少许

\# 土豆沙拉 # 令人上瘾
\# 马铃薯沙拉
\# 土豆沙拉研究 # 煮鸡蛋
\# 掌握了好吃的煮法

制作方法

1 锅中烧水，煮沸之后转小火，鸡蛋放入其中煮 7 至 8 分钟。然后将鸡蛋取出，浸水冷却后剥壳切成四块。火腿切成一口大小。黄瓜用削皮器沿纹路去皮，然后切成 7 一 8 毫米厚的圆片。撒上一撮盐（主材料外）搓揉，腌制 10 分钟沥干水分。

2 土豆去皮后切成一口大小，和水一起放入锅内煮。沸腾后调至小火煮 12 一 13 分钟，直到竹扦可以轻松穿过，然后倒掉热水，开中火，摇锅蒸发掉水分，制成粉吹芋①。

3 用木铲将土豆捣碎，加盐搅拌均匀。加入鸡蛋碾成小块一起搅拌。依次将材料 **A**、火腿和黄瓜加入并混合搅拌。

4 装盘，均匀淋上橄榄油，撒上黑胡椒。也可以根据喜好再撒上少许粗盐。

①译者注：粉吹芋（こふきいも）是一道经典的和风土豆料理，其制作方法是用盐水煮熟土豆块，然后将水倒掉，接着在锅中摇晃土豆，使水汽充分散发，表面呈现出粉状。

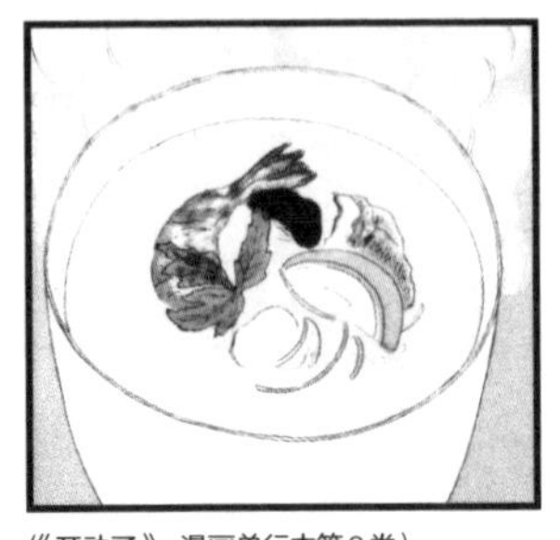

《开动了》，漫画单行本第 2 卷）

肠胃不适的时候会想吃的
出汁味佳肴

茶碗蒸

材料(四人份)

鸡蛋…3 个
香菇…1 个
鸡腿肉…1 片
鸭儿芹…适量
A ⌈出汁…2 又 1/4 杯
  淡酱油…1 大匙
  食盐…1/3 小匙

制作方法

1 将鸡蛋在碗中打散，加入材料 **A** 搅拌。香菇去根后切成薄片，鸡肉切成一口大小，鸭儿芹切成大块。

2 在容器中等份放入香菇、鸡肉、鸭儿芹后倒入蛋液，然后放入蒸锅中大火蒸 2 分钟，待表面鼓起后将锅盖稍稍掀开小口，调至小火蒸 25 分钟。

鸡蛋羹 石莼馅

《蛋豆腐》，漫画单行本第 14 卷）

材料(15 厘米×15 厘米的模具)

鸡蛋…6 个
出汁…360 毫升
A ⌈出汁…1 杯
  淡酱油…2 小匙
  石莼…2 大匙
马铃薯淀粉、水…各 1 又 1/2 小匙

制作方法

1 将鸡蛋在碗中打散，加入出汁搅拌后倒入模具。模具放入蒸锅中，先用大火蒸 2 分钟，待表面鼓起后将锅盖掀开小口，改为小火继续蒸 15 至 18 分钟。散热后将鸡蛋从模具中取出移至平底盘，放入冰箱冷却。

2 将材料 **A** 放入锅中稍微烹煮，然后加入水淀粉进行搅拌，大火加热 1 至 2 分钟，直到呈黏稠状。散热冷却后浇在步骤 **1** 的食材上。

烹饪小窍门

用石莼
制作紫菜泥

在调味汁上稍加改进，只要加入石莼就可以做成口感丰富的美味馅料。冷藏后自不必说，趁热吃也美味可口。

茶碗蒸 # 蛋羹 # 弹弹的 # 嫩嫩的 # 果然还是要出汁

韩式辣锅 # 韩国料理 # 地道口味 # 恢复精神 # 大爱辣味 # 燃烧食谱

没食欲没精神的时候，
养生又健康的香辣配菜汤

泡菜豆腐锅

材料（两人份）

豆腐…1块（300克）
泡菜…150g
蛤蜊…10个
猪五花肉薄片…150克
大葱…1/2根
洋葱…1/4个
香菇…1个
韭菜…3—4根
A 韩式苦椒酱…1大匙
生姜泥…1段的量
蒜泥…少许
芝麻油…2大匙
食盐…1/4小匙
酱油…1又1/2小匙
清酒…1大匙
鸡蛋…2个

制作方法

1 将豆腐分成6等份，五花肉切成5厘米宽，泡菜切成一口的大小。大葱斜切成薄片，洋葱竖切成薄片，香菇去根切成1厘米厚，韭菜切成3—4厘米长度。

2 将五花肉、泡菜和材料**A**搅匀后腌制10至15分钟，小火将五花肉翻炒至变色。

3 加入大葱、洋葱、香菇后迅速翻炒，再加入食盐、酱油、清酒和蛤蜊翻炒，然后加入两杯水，大火煮沸后放入豆腐，调至中火煮3分钟左右。

4 装碗，撒上韭菜，每碗各放入一个鸡蛋。如果有的话，再撒上粗辣椒面。

烹饪小窍门

烹饪之前
先腌制入味

五花肉和泡菜提前搅拌腌制，让肉充分入味。使用腌制时间长的泡菜味道会更好。

《泡菜豆腐锅》，漫画单行本第11卷）

加了生姜的营养满分菜单，

感冒的时候强烈推荐

鸡肉丸酱油挂面

材料（两至三人份）

挂面…3 捆

大葱（葱白部分）…10 厘米的量

阳荷（切成薄片）…1 个的量

A
- 鸡肉馅…200 克
- 生姜（切成 5 毫米的小块）…15 克
- 洋葱丁…1/3 个
- 蛋液…1/2 个的量
- 马铃薯淀粉…1 大匙
- 清酒、酱油、砂糖…各 1/2 大匙
- 食盐…1/2 小匙
- 粗黑胡椒粉…少量
- 芝麻油…1 小匙

B
- 出汁（推荐用海带和鲣鱼熬制）…3 杯
- 日式甜料酒、酱油…各 1 大匙
- 食盐…1/4 小匙

烹饪小窍门

生姜要特意
切大一点

将拌在肉丸子里的生姜切成比平时大的小块，口感和香味可以更好地保留下来，口味更佳。

制作方法

1 将材料 **A** 放入碗中搅拌均匀。

2 在锅中放入材料 **B** 煮沸，然后用勺子将步骤 1 的食材舀成丸状放入汤中煮熟，并撇去浮沫。

3 用另外一口锅将挂面煮熟，然后沥干水分放入碗中。将步骤 **2** 的食材连汤浇在面上，再放上泡过水的葱和阳荷。最后根据喜好撒上粗黑胡椒粉和山椒粉。

酱油煮挂面 # 细挂面 # 感冒菜谱
好像快退烧了 # 满满的生姜
药味十足 # 暖暖的

（《鸡肉丸酱油挂面》，漫画单行本第 12 卷）

《韭菜炒蛋定食》，漫画单行本第 14 卷）

馅料里包裹了满满的生姜。

既可作为下酒菜，也能当作米饭的配菜

韭菜炒蛋

韭菜炒蛋 # 馅料是最棒的 # 很多胡椒 # 能量恢复

材料（两人份）

韭菜…1 把（100 克）

酱油…1/2 小匙

粗黑胡椒粉…少许

A 鸡蛋…3 个
食盐…少许
砂糖…适量

B 酱油…1 小匙
食盐…1/4 小匙
鸡精…1/2 小匙
砂糖…适量
热水…1 杯
生姜泥…1 大匙

马铃薯淀粉、水…各 1 小匙

芝麻油…2 大匙

制作方法

1 将材料 **A** 中的鸡蛋打散，与其余材料搅拌均匀。韭菜去掉根部，硬的部分切成 1 厘米长、软的部分切成 3 厘米长的小段。

2 将材料 **B** 放入小锅中稍微煮一下，再加入水淀粉搅拌勾芡。

3 平底锅中放入芝麻油加热后，放入韭菜快速翻炒，然后加入酱油和黑胡椒粉搅匀，再加入材料 **A** 大力混合。等鸡蛋凝固成半熟状态，翻面烧 15 秒左右后装盘，浇上步骤 **2** 的食材。

蛤蜊、香草和柠檬奶油的组合，
连汤汁都好吃到不行

酒蒸香草蛤蜊和柠檬奶油

《酒蒸蛤蜊》，漫画单行本第3卷）

材料（两人份）

蛤蜊…30个

A
- 火葱（或者洋葱）切碎末…1大匙
- 大蒜薄片…3—4片
- 百里香（枝条）…2—3根
- 白葡萄酒、水…各1/4杯

莳萝碎末…2根的量

鲜奶油…1大匙

柠檬汁…1小匙

卡宴辣椒粉、粗黑胡椒粉…各少许

制作方法

1 在蛤蜊上撒上盐（主材料外），将壳与壳互相摩擦搓洗干净。

2 在锅内放入蛤蜊和材料**A**，盖上锅盖以中火加热。沸腾之后转为小火，等蛤蜊开口之后加入鲜奶油、柠檬汁、卡宴辣椒粉、黑胡椒和莳萝碎。

烹饪小窍门

完工后
加入奶油和柠檬汁

在白葡萄酒清蒸后的清甜汤汁里，加入奶油和柠檬汁，就会得到一道清爽和醇香都升级的浓郁汤汁。

#蛤蜊 #酒蒸 #葡萄酒蒸
#香草 #极品汤
#皮塔饼

附录3

分享自家深夜食堂！

哪些餐具更上镜

拍照的时候也将餐具考虑进去吧。
家里闲置已久的物件说不定还能派上用场呢？

（1）熟练使用日式餐具

巧妙使用陶器或漆器等日式餐具，就能完美演绎出深夜食堂的感觉。只需放入一个有着厚重质感的瓷器，感觉立马就不一样了。无论用来盛烤物、中餐还是西餐都很时髦。

（2）入手古典餐具

西式餐具可以选择古典款式。中式和日式餐具也是如此，古典款式会呈现出厚重感。当你遇到好的古典款式时，千万不要错过哦！

（3）

亚洲风味混搭

在装盘中餐时，可以混入一些中国、韩国、泰国或新加坡等亚洲风情的小物件。这样既与日式餐具相配，还会变得可爱别致。

（4）

以玻璃杯、刀具或托盘作装饰

摆上刀具、托盘或玻璃杯作装饰，能够增加生活气息和跃动感。这些小物件大多都很容易买到，所以从现在开始，收集自己喜欢的小东西吧。

第四章

今晚小酌一杯！

想喝一杯时的简单下酒菜

第四章的老板是：

徒然花子女士

热爱美食、美酒和旅行的编辑。在Instagram（@turehana1）和推特上的美食文章很受欢迎，拥有众多粉丝。著有《独身女性的夜宵小菜》（幻冬舍）、《徒然花子的佐料下酒菜帖》《徒然花子的油炸天堂》（PHP研究所）、《请来徒然花子的家庭派对！》《徒然花子的自家便当》（小学馆）、《徒然花子的馋猫厨房》（河出书房新社）等书。

深夜食堂的菜肴多是配酒的，
下面就来介绍一些简单的“下酒菜”。
将蔬菜、肉类等食材本身的美味发挥出来的小菜，
应该与美酒很配吧。

辣黄油玉米

鳕鱼子奶油土豆

柠檬金枪鱼洋葱丝

山椒风味洋葱圈

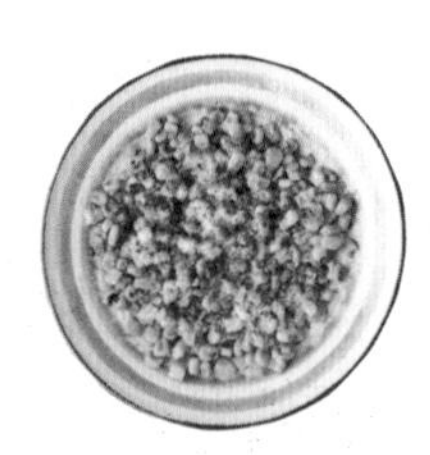

简单! 在玉米和黄油的香甜之上加入辣味

令人欲罢不能的小菜

辣黄油玉米

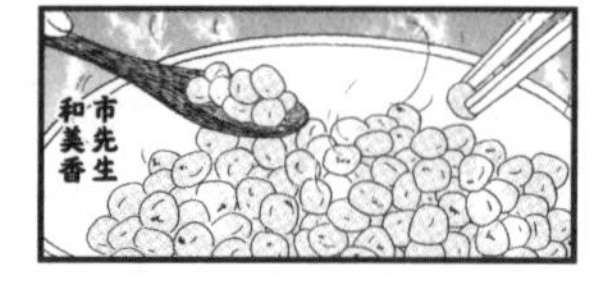

《黄油玉米》，漫画单行本第 11 卷）

材料（两人份）

玉米罐头（玉米粒）…1 罐（200 克）
蒜末…1/2 瓣的量
黄油…10 克
食盐…少许
辣椒粉、奶酪粉、西芹末
…各适量

制作方法

1 在平底锅中熔化黄油，放入蒜末炒出香味后加入沥干的玉米翻炒。

2 撒盐后装盘，再撒上辣椒粉、奶酪粉和西芹末。

像希腊鱼子沙拉一般软糯浓郁的味道

用来下酒再好不过

鳕鱼子奶油土豆

《黄油土豆》，漫画单行本第 10 卷）

材料（两人份）

土豆…2 个
鳕鱼子…1 条的量
奶油干酪…20 克
绿叶紫苏切丝…2 片的量
橄榄油…1 大匙

制作方法

1 将土豆连皮蒸熟至竹扦可以轻松穿过的程度（或者将土豆浸入水中裹上保鲜膜，放入 600 瓦的微波炉中加热 7 至 8 分钟）。鳕鱼子用菜刀去除薄皮。

2 将土豆趁热切成两半装盘，淋上橄榄油，再放上鳕鱼子、奶油干酪和绿叶紫苏。

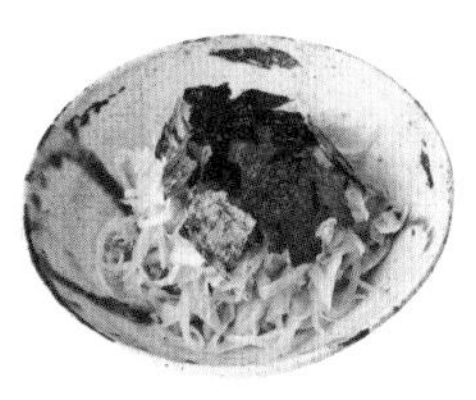

将日常的洋葱丝稍加改进！

加入金枪鱼做成一道与酒更配的菜

柠檬金枪鱼洋葱丝

（《洋葱丝》，漫画单行本第9卷）

材料（两人份）

洋葱…1个

金枪鱼罐头…70克

柠檬汁…1个的量

酱油、橄榄油…各1大匙

烤紫菜片…少量

制作方法

1 将洋葱切成薄片，浸水10分钟左右去除辣味。

2 洋葱沥干水分后放入碗中，再加入沥干油的金枪鱼、柠檬汁、酱油和橄榄油，搅拌均匀。装盘，紫菜片撕碎放入。

油炸的酥脆秘诀是挂糊，

用苏打水炸出松脆口感

山椒风味洋葱圈

（《洋葱圈》，漫画单行本第2卷）

材料（两人份）

洋葱…1个

面粉…100克

苏打水…1/4杯

煎炸油、食盐、山椒粉…各适量

制作方法

1 将洋葱切成1厘米宽的圈状后一一分开。在碗里倒入面粉和苏打水混合均匀，制作面糊。

2 平底锅中倒入深约2厘米的煎炸油，中火（180℃）加热，将洋葱圈挂糊后放入油中，待面糊凝固成形，翻面炸1分钟左右。沥干油，撒上盐和山椒粉。

烹饪小窍门

用苏打水制作酥脆面糊

油炸食品好吃的诀窍就是用加了苏打水的面糊炸至酥脆。口感轻巧松脆，即使放置一段时间也依然酥脆美味。

令一成不变的炒蛋
改头换面的一道美食

土耳其风味炒蛋

加了小沙丁鱼和葱的日式小菜
与烧酒、清酒等日本酒绝配

小沙丁鱼葱花煎蛋块

加入生蚝，
制成别有风味的卤蛋

蚝油煮蛋

小沙丁鱼葱花煎蛋块

《红香肠》，漫画单行本第1卷）

材料（两人份）

鸡蛋…2个
小沙丁鱼…3大匙
小葱丁…4根的量
A ［日式甜料酒、水…各1大匙
　 食盐…适量
色拉油…1大匙

制作方法

1 鸡蛋在碗中打散，加入材料A、小沙丁鱼和葱花后搅拌均匀。

2 以平底锅热油，将蛋液一次倒入。用胶铲折叠起来加热，放到平底锅的一端迅速成形。

土耳其风味炒蛋

《酥脆培根》，漫画单行本第2卷）

材料（两人份）

鸡蛋…2个
洋葱末…1/8个的量
青椒…1个
番茄…1/2个
茴香粉…1/2小匙
食盐、辣椒粉…适量
橄榄油…1/2大匙
皮塔饼…适量

制作方法

1 鸡蛋在碗中打散，加入盐和茴香粉。青椒和番茄切成1厘米小块。

2 在直径19厘米的平底锅中加热橄榄油，倒入洋葱末炒至透明。再加入青椒和番茄，翻炒至番茄开始分散，倒入蛋液。

3 用胶铲慢慢翻炒均匀，待到半熟时停火，撒上辣椒粉。最后附上热好的皮塔饼。

蚝油煮蛋

《叉烧、甘笋、卤蛋》，漫画单行本第12卷）

材料（易制作的分量）

鸡蛋…6个
<卤汁>
［酒（最好是绍兴黄酒）
　　…3大匙
　酱油、蚝油…各2大匙
　砂糖…1大匙
　八角…2个

制作方法

1 在锅里煮好开水，放入刚从冰箱取出的鸡蛋，煮8分钟左右取出放入冷水。散热后剥壳。

2 将卤汁材料倒入锅中煮沸，然后停火散热。

3 将鸡蛋和卤汁放入密封袋中保存3小时以上。中途需上下翻面。对半切好后装盘，然后根据喜好添加香菜叶。

#亮眼小菜 #配白葡萄酒 #派对小菜 #炒菠菜

将炒菠菜改良成配葡萄酒的小菜

菠菜拌酸奶

《炒菠菜》，漫画单行本第 13 卷）

材料（两人份）

菠菜… 1 捆的量
原味酸奶… 500 克
蒜泥… 1/2 瓣
食盐… 1/3 小匙
橄榄油… 2 大匙
薄脆饼干…适量

制作方法

1 在咖啡滤杯中放好过滤器，倒入酸奶，放置 3 小时至一夜（也可直接使用 200 克希腊酸奶）。

2 将菠菜加盐煮熟后浸水，然后拧干水分，切成 1 厘米的长度。在平底锅中热 1 大匙橄榄油，炒菠菜。

3 在碗里加入步骤 **1** 的食材、菠菜、蒜泥和食盐后搅拌均匀。装盘，在中央挖一个凹槽倒入 1 大匙橄榄油。用饼干蘸酱食用。

拥有酱汁和蛋黄酱的梦幻组合

还能多吃蔬菜的饱食系下酒菜

大阪烧

《大阪烧》，漫画单行本第 16 卷）

材料（两至三人份）

鸡蛋…2 个
猪五花肉片…2 片
豆苗…1/2 盒
豆芽…1/2 袋
食盐、酱油…各少许
色拉油…1 又 1/2 大匙
大阪烧酱汁、蛋黄酱、
青海苔粉…各适量

制作方法

1 将猪肉切成 1 厘米宽的细条。豆苗从中间对半切开。鸡蛋打散。

2 在平底锅里热 1 大匙色拉油，炒猪肉。待肉变色后，放入豆苗和豆芽继续翻炒，加盐和胡椒后盛到平底盘备用。

3 用厨房纸巾擦净平底锅，倒入 1/2 大匙色拉油加热。倒入蛋液摊开，在中间放上炒好的肉和菜，再将蛋包起来。装盘，撒上大阪烧酱汁、蛋黄酱和青海苔粉。

大阪烧 # 关西烧 # 大阪美食 # 蛋黄酱和酱汁的危险诱惑 # 丰富蔬菜 # 一道菜就满足！

柚子胡椒黄油风味
鱿鱼圈炒芦笋

炸章鱼配牛油果
~海边风味~

传统炸章鱼搭配牛油果。

炸过的牛油果入口即化，跟章鱼完美搭配

炸章鱼配牛油果 ~海边风味~

《炸章鱼》，漫画单行本第16卷）

材料（两人份）

焯章鱼…150克
牛油果…1个
A 清酒、酱油
…各1大匙
生姜泥
…1/2段的量
食盐…少许
马铃薯淀粉、煎炸油、青海苔粉、柠檬瓣…各适量

制作方法

1 章鱼切成大块。在碗中混合好材料A，然后放入章鱼腌制5分钟左右。牛油果切成一口大小的大块。

2 将沥干汁的章鱼和牛油果分别裹上淀粉。

3 在平底锅中倒入约2厘米深的煎炸油，中火（180℃）加热，放入步骤2的食材。炸好后沥油装盘，撒上青海苔粉。牛油果上撒盐，最后摆上柠檬瓣。

（《炸章鱼腿》，漫画单行本第6卷）

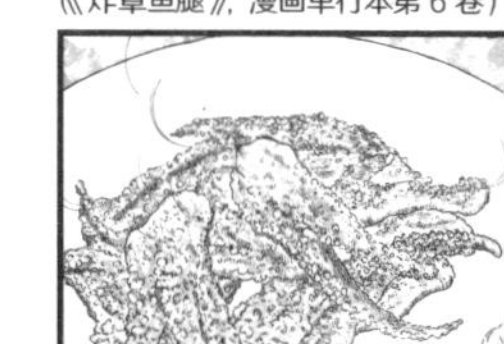

柚子胡椒和黄油搭配的日式新潮小菜。

无论哪种酒都百搭

柚子胡椒黄油风味鱿鱼圈炒芦笋

材料（两人份）

鱿鱼（躯干部分）…2只
绿芦笋…4根
黄油…10克
酱油…1/2大匙
柚子胡椒…1/2小匙
橄榄油…1/2大匙

制作方法

1 将鱿鱼切成1厘米宽的圈形。芦笋去掉根部的皮，斜切成1厘米厚度。

2 在平底锅中加热橄榄油，放入芦笋炒1分钟左右。随后加入鱿鱼圈炒2分钟左右，再倒入黄油、酱油和柚子胡椒翻炒均匀。

（《俾斯麦风①》，漫画单行本第17话）

半熟煎蛋！入口即化，边拌边吃，

令人沉迷的夜酌时间

俾斯麦风
马铃薯培根

材料（两至三人份）

土豆…2个
培根…3片
小尖椒…3根
洋葱末…1/8个的量
蒜末…1瓣的量
食盐、胡椒…各少许
橄榄油…2大匙

#煎鸡蛋 #绝对半熟
#什么都是俾斯麦风

制作方法

1 将土豆去皮切块后浸水，然后放入耐热容器中裹上保鲜膜，用微波炉加热4分钟左右。培根和小尖椒切成1厘米宽的小块。

2 平底锅中加入1大匙橄榄油和蒜末，开火爆香，再放入培根和洋葱末翻炒。洋葱炒至透明后倒入土豆和小尖椒继续炒，然后撒上盐和胡椒装盘。

3 用厨房纸巾擦净平底锅，倒入1大匙橄榄油加热，然后打入鸡蛋。做好半熟的煎鸡蛋后，放在步骤**2**的食材上。

①译者注：德国总理俾斯麦喜欢在牛排上加荷包蛋，所以加上荷包蛋的菜式就叫作俾斯麦风。

（《葱味炸猪排》，单行本第 21 卷）

不是“葱味炸猪排”而是“番茄香菜炸猪排”！

特色酱汁搭配脆皮，就能痛快享用

香菜炸猪排

材料（两人份）

猪里脊肉（炸猪排用）…1 片
食盐、胡椒…各少许
面粉、蛋液、面包糠、煎炸油…各适量
<番茄香菜汁>
番茄（切成 1 厘米小块）…1/2 个的量
香菜碎…1 棵的量
柠檬汁…1/4 个的量
酱油、鱼露…各 1/2 大匙

#分量足却不油腻 #贪吃菜谱
#大爱香菜 #葱也不错

制作方法

1 将番茄香菜汁的材料放入碗中搅拌均匀。

2 猪里脊去筋，用刀轻拍整个肉身。撒上盐和胡椒，然后按照面粉、蛋液、面包糠的顺序依次挂糊。

3 在平底锅中倒入约 3 厘米深的煎炸油，中火（180℃）加热后放入猪排。单面炸制 2 分钟后翻面，再炸 3 分钟后沥油装盘，浇上步骤 **1** 的酱汁。

口味清淡的鸡胸肉加上小葱味噌的醇香

小葱味噌风味
奶酪炸鸡排

《奶酪炸鸡排》，漫画单行本第 17 卷）

材料（两人份）

鸡胸肉…4 块
小葱…2 根
奶酪片…2 片
味噌酱…2 小匙
面粉、蛋液、面包糠、
煎炸油…各适量

制作方法

1 将鸡胸肉去筋后展开，涂上味噌酱。奶酪对半切，小葱切成 8 厘米长段，一起放在鸡肉上迅速卷起。按照面粉、蛋液、面包糠的顺序依次挂糊。

2 在平底锅中倒入约 2 厘米深的煎炸油，中火（180℃）加热后放入步骤 **1** 的食材。单面炸制 2 分钟后翻面，再炸 1 — 2 分钟后沥油装盘，有嫩菜叶的话加入盘中。

#奶酪鸡胸肉 #油炸食品
#小葱味噌奶酪

《烤鸡腿与鸡翅球》，单行本第 11 卷）

让人不禁大快朵颐的多汁带骨鸡腿，

带着浓郁蜂蜜芥末味的一道美食

香草面包糠
烤带骨鸡腿

材料（两人份）

带骨鸡腿肉…2 根

食盐…1 小匙

胡椒…少许

<香草面包糠>

- 面包糠…4 大匙
- 蒜末…1 瓣的量
- 奶酪粉、西芹末、橄榄油
  …各 1 大匙

蜂蜜、颗粒芥末酱

…各 2 小匙

色拉油…1 大匙

制作方法

1. 用刀仔细切开鸡骨连接处，以便烹饪。擦干水分，将盐和胡椒揉入肉中。接着将香草面包糠的材料放入小碗中搅拌。蜂蜜和颗粒芥末酱混合均匀。烤箱预热至 200℃。

2. 在平底锅中热好色拉油，鸡皮朝下放入鸡腿。盖上锅盖小火焖 15 分钟左右。

3. 取出鸡腿，在鸡皮侧涂抹蜂蜜、芥末酱，撒上面包糠。然后放入烤箱烤 15 分钟左右。

带骨鸡腿 # 大快朵颐 # 烤箱烹饪
撒手不管就能做好

厚切片 # 足量 # 火腿排 # 苹果酱汁

奢侈享用切成厚片的火腿，堪比主菜的一道美食。

甜口酱汁与咸口火腿的绝妙搭配

厚切火腿排

~咕嘟咕嘟苹果酱汁~

材料（两人份）

猪里脊火腿（2 厘米厚）…1 片
食盐、胡椒…各少许
面粉…适量
橄榄油…1/2 大匙
< 苹果酱汁 >
- 苹果…1/2 个
- 白葡萄酒…1/2 杯
- 酱油…1 大匙
- 橄榄油、颗粒芥末酱…各 1/2 大匙
- 黄油…10 克
- 水芹…适量

制作方法

1 火腿上撒盐和胡椒，然后裹上面粉。苹果切成 5 毫米小块。

2 制作酱汁。在平底锅里用中火加热橄榄油，加入苹果块炒 1 分钟左右。然后倒入白葡萄酒，用微火焖 2 至 3 分钟。待苹果变软后加入酱油、颗粒芥末酱和黄油。

3 平底锅擦干净，中火加热橄榄油，放入火腿，将两面煎至焦黄后装盘，浇上苹果酱汁，再摆上水芹。

烹饪小窍门

用苹果酱汁
提升火腿口感

厚厚地浇上散发着苹果香味的酱汁，让平日里的煎火腿口感升级。

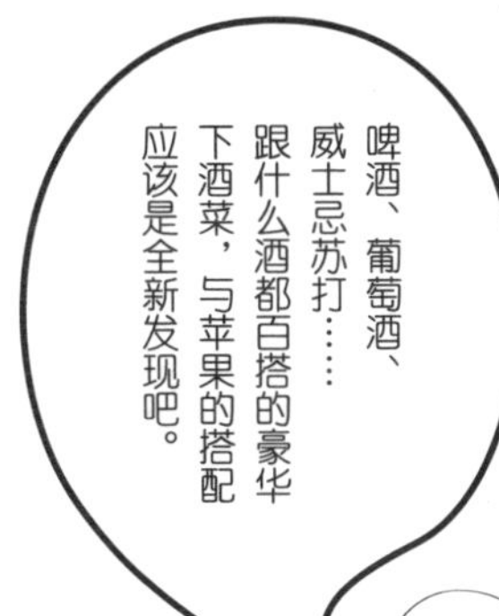

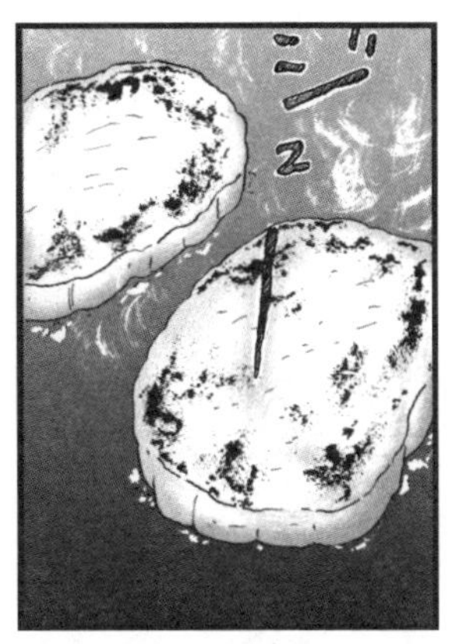

《厚切火腿排》，漫画单行本第 15 卷）

意式蒜香风味
炒西葫芦薄片

柴渍腌菜配姜味
奶酪蘸酱

莳萝奶酪
焗凤尾鱼

韩式苦椒酱
煎长山药

用削皮器就简简单单！口感也让人上瘾，

香气四溢的西式小菜

意式蒜香风味炒西葫芦薄片

材料（两人份）

西葫芦…1根
蒜片…1瓣的量
红辣椒丁…1根的量
食盐、酱油…各少许
清酒…2大匙
橄榄油…1大匙

制作方法

1 西葫芦用削皮器竖着削好。

2 在平底锅中倒入橄榄油、蒜片、红辣椒丁，中火爆香后加入西葫芦片翻炒。撒盐和胡椒，倒入清酒，盖上锅盖焖1分钟左右即可。

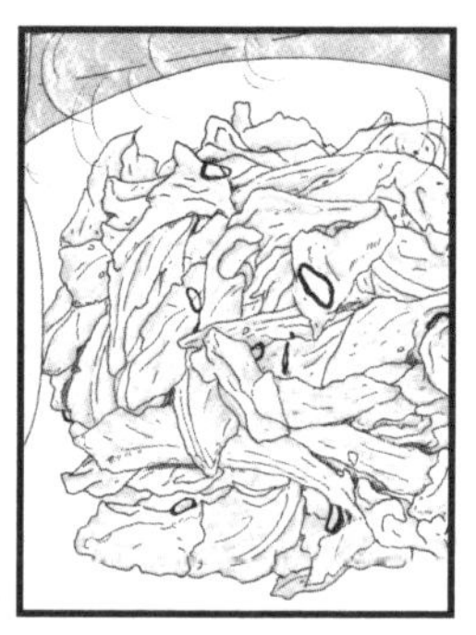

《意式蒜香风味炒春甘蓝》，漫画单行本第21卷）

《烟熏萝卜配马斯卡彭奶酪》，漫画单行本第20卷）

不仅外表可爱，

还能装点餐桌的华丽新式小菜

柴渍腌菜配姜味奶酪蘸酱

材料（两人份）

奶油干酪…200g
柴渍腌菜…40g
生姜泥…少许
三明治面包…适量

制作方法

1 将柴渍腌菜切成碎块。奶油干酪在室温条件下放置回温。

2 将奶酪放入碗中软化，加入柴渍腌菜、生姜泥搅拌均匀，装盘。用面包机烤好面包片，摆盘。

烹饪小窍门

增香增色的柴渍腌菜

柴渍腌菜独特的深粉色与奶酪融合成了唯美的淡桃色。绝对上镜！

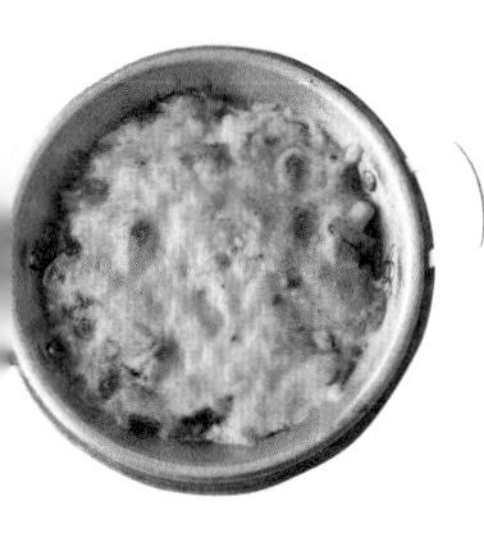

将大葱煮得软糯的法式开胃“焖菜”，
配以奶酪烤出浓香

莳萝奶酪焗凤尾鱼

材料（两人份）

大葱（白段）…3 根的量
莳萝…2 棵
A 凤尾鱼（切块）…2 片
清酒…1/4 杯
橄榄油…1 大匙
比萨用奶酪…80 克

制作方法

1 将葱切成 5 厘米的长段，放入厚底锅后再铺上材料 A。盖上锅盖用微火焖 15 分钟左右。将莳萝切碎。
2 葱上撒满莳萝碎，放入耐热容器后铺上一层奶酪。用烤箱烤至颜色焦黄。

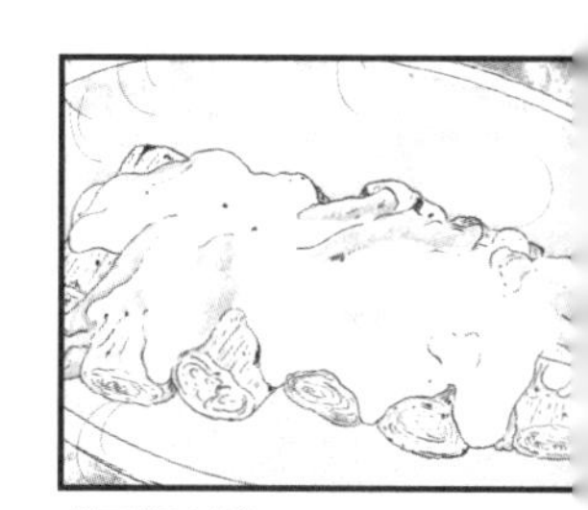

《奶酪焗大葱》，
漫画单行本第 20 卷）

《煎山药》，
漫画单行本第 11 卷）

浓厚的韩式照烧口味，
与长山药的完美融合

韩式苦椒酱煎长山药

材料（两人份）

长山药…250 克
A 苦椒酱、酱油、清酒、甜料酒…各 1 大匙
蒜泥…1 瓣的量
芝麻油…1 大匙
小葱丁…适量
温泉蛋…1 个

制作方法

1 将长山药连皮切成 1 厘米厚的圆片。材料 A 混合均匀。
2 在平底锅中热好芝麻油，依次摆入山药片，盖上锅盖用小火每面煎 3 分钟。
3 加入 A 酱汁涂抹均匀，装盘后盖上温泉蛋和葱花。

只需一种食材就能做好的小菜，正适合慢慢悠悠地做吧。

第五章

无论是深夜还是节食中！
饱餐一顿
也不会发胖的晚餐

深夜进食不健康……
道理葛藤也明白，但又累又饿会让人压力更大啊。
那么请放下罪恶感，
尽情享受深夜食堂为你带来的这些以丰富蔬菜为主的健康菜品吧。
即使在节食中，也不会让您吃不尽兴哦。

第五章的老板是：

重信初江女士

烹饪专家。无论是使用身边食材制作日常小菜，还是烹饪旅行中学会的世界各地美食，无不精通。从服部营养专业学校厨师专业毕业后，在织田厨师专业学校从事助教工作，并担任了烹饪专家夏梅美智子老师的助理，后来开始独立工作。除了上电视烹饪节目之外，也在杂志、广告等方面积极活动。著有《这样才对！传统小菜100道》（主妇与生活出版社）、《小碟下酒菜》（池田书店）等书。

不费时间就能呈现的美味，简便关东煮

关东煮

材料（两至三人份）

炸鱼糕（喜欢的两种口味）…各4个
魔芋结…8个
芜菁…2个
圣女果…8个
A 出汁（日式高汤）…3杯
酱油、日式甜料酒…各2大匙
食盐…少许

制作方法

1 炸鱼糕用厨房纸巾控油后备用，魔芋结焯水后用笊篱捞起。

2 芜菁的茎部留3—4厘米，根部底端切除，然后切成两半，洗净根茎相连处的泥土后沥干。圣女果摘蒂。

3 将材料**A**倒入锅中煮开后，先加入步骤**1**的食材煮5分钟，再加芜菁煮3到4分钟，最后加入圣女果，等到再次煮开后关火（注意芜菁不要煮太久）。最好冷却一次，待食用时重新加热会更加入味。还可根据喜好添加辣椒酱。

健康小窍门

魔芋丝是低糖低热量的优秀食材

魔芋丝不仅低糖低热量，还富含膳食纤维，是能够帮助清理肠道，且具有饱腹感的优秀食材。

#关东煮 #入味 #暖身食物 #健康
#节食好伙伴 #隔夜更美味

（《萝卜炖牛筋加蛋》，漫画单行本第1卷）

#猪肉和白菜 #发酵白菜 #店里的味道 #腌咸菜真不错 #冰箱常备 #欲罢不能

用腌白菜就能在家轻松品尝到“酸白菜”的风味

酸白菜猪肉火锅

材料（两至三人份）

猪肉片…200克
腌白菜（用自家的老咸菜，或将市售的腌菜存放一阵，发酵出酸味）…400克
粉丝…50克
蒜片…1瓣的量
A 清酒…1/2杯
水…3杯
酱油…1大匙
芝麻油…1小匙
粗黑胡椒粉…1/4小匙

制作方法

1. 粉丝在水中浸泡约20分钟，泡软后用剪刀剪短。
2. 将腌白菜切成大块。
3. 材料**A**在锅中煮开后下入猪肉片，搅开煮2分钟左右，中途撇出浮沫，并加入步骤**2**的食材和蒜片煮5到6分钟。
4. 加入步骤**1**的食材，待粉丝变软后即可开始享用（需要注意的是，煮一段时间过后粉丝会不断吸掉锅中水分。同时腌白菜的盐分会影响火锅的口味，因此酱油要适量调节）。

烹饪小窍门

只要用腌渍的白菜，
就能做出店里卖的“酸白菜”风味

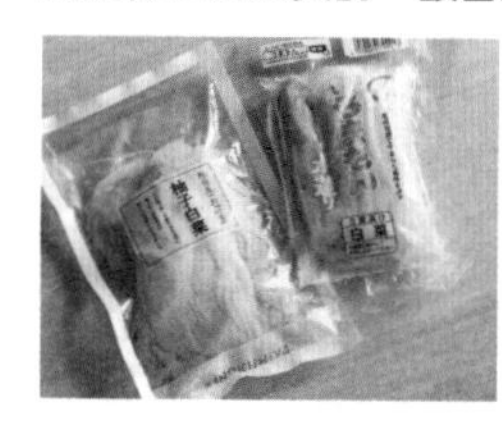

在中餐厅才能吃到的“酸白菜”，用市售的腌白菜就能还原！
若是有出售的老咸菜，会更加美味哦。

《一人份猪五花肉白菜火锅》，漫画单行本第13卷）

麻婆茄子极易吸油，

加盐搓揉后再烹饪，一转眼变健康！

麻婆茄子

材料（两人份）

茄子…3个

猪肉末…200克

生姜末…1段的量（约10克）

豆瓣酱…1小匙

花椒（没有的话用山椒）…少许

A
- 水…1又1/2杯
- 食盐…2小匙

B
- 水…3/4杯
- 酱油…1大匙
- 马铃薯淀粉…2小匙
- 食盐、胡椒…各少许

色拉油…1小匙

芝麻油…1/3小匙

制作方法

1 将茄子从中间对半横切，再切成条状。与材料**A**一起装入塑料袋中，抽掉空气系紧，放置15分钟，然后倒掉盐水，轻轻搓揉挤出多余水分（炒前再搓揉，避免口味变涩）。

2 在平底锅中加热色拉油，倒入生姜末轻轻翻炒，炒出香味后加入肉末，用强力中火炒2至3分钟至稍微变色。

3 加入步骤**1**的食材炒1分钟左右，再加入豆瓣酱和花椒一起翻炒，倒入材料**B**搅拌勾芡。最后在成品上均匀洒上芝麻油。

健康小窍门

茄子加盐搓揉后
可抑制吸油

对超级吸油的茄子稍加处理，加盐搓揉后，就是一道可以放心享用的健康菜品了。

《超辣麻婆茄子》，漫画单行本第18卷）

#麻婆茄子#香辣#不油腻#饱餐一顿#夜宵

这才叫夜宵！有益肠胃又健康，还能暖身子

汤豆腐

材料（两至三人份）

绢豆腐…1块（300克）
香菇…2—3个
丛生口蘑…50克（1/2小包）
生菜…4片（200g）

A
- 水…3杯
- 清酒…1/3杯
- 海带…8厘米

B
- 日本柚子醋…1/3杯
- 小葱丁…20克

制作方法

1. 将材料**A**一并放入砂锅中静置10分钟左右。
2. 将豆腐切成易食用的大小，香菇去根，丛生口蘑去根后拆散成小块，生菜撕成大片。
3. 将步骤**1**的砂锅放在火上加热，逐量加入步骤**2**的材料，再加入混合好的材料**B**。

虽说简简单单的
汤豆腐也不错，
不过我还是加了
满满的蔬菜，营养满分哦。
食材配料可以根据
喜好添加。

《汤豆腐》，漫画单行本第8卷）

#汤豆腐 #暖身食物 #砂锅 #健康食品 #减肥餐 #好想变瘦

芝麻超浓却依然健康。敬请享受沙拉盛宴

棒棒鸡

材料（两人份）

鸡胸肉… 1片（200—250克）

切好的蔬菜… 1袋（200克）

A
- 清酒… 1大匙
- 食盐…少许

B
- 食用辣椒油、白芝麻酱、酱油、醋…各1大匙
- 生姜泥… 1/2小匙

制作方法

1 鸡肉铺在耐热的餐盘中，涂上材料**A**，轻覆一层保鲜膜后放入600瓦的微波炉中加热3分钟。

2 上下翻面，铺上切好的蔬菜后再次覆上保鲜膜，微波炉加热2分钟。然后继续裹着保鲜膜用余温热2到3分钟，使食材充分烧熟。

3 将鸡肉撕成易食用的大小，鸡皮切成粗丝，与蔬菜一起装盘。在食材**B**中搅入1/2至1大匙清汤，搅拌后淋上。

《棒棒鸡》，漫画单行本第19卷）

#棒棒鸡 #蔬菜满满 #沙拉盛宴 #蛋白质摄入

#蒜香意大利面 #意面需克制 #不过这道菜也许可以
#魔芋最棒了 #减肥的人

《超辣魔芋》,
漫画单行本第16卷）

夜深的时候不要意面，要魔芋才是正解

超辣意式蒜香魔芋

材料（两人份）

魔芋（白）…小份（220克）
杏鲍菇…1根（50克）
生火腿…3一4片（30克）
蒜片…1瓣的量
红辣椒丁…1/2根的量
西芹末…2大匙
A 白葡萄酒…1大匙
食盐…适量
粗黑胡椒粉…少许
橄榄油…1/2大匙

制作方法

1 将魔芋切成一口大小的小块，焯水后用笊篱捞起。杏鲍菇对半切，再呈放射状切为6至8等份。

2 平底锅里加热橄榄油，放入魔芋块，待魔芋稍微收缩上色时转为弱中火炒4至5分钟。再加入蒜片、红辣椒丁和杏鲍菇炒2至3分钟，倒入材料**A**调味。等到收汁后关火，将生火腿撕碎放入，撒入西芹末搅拌均匀。

细腻的风味让人着迷！盖上温泉蛋满足感爆棚

肉末豆腐

材料（两人份）

牛肉末…150克
老豆腐…1块（300克）
魔芋丝…150克
胡葱…1根（20克）
A 清酒…3大匙
酱油、砂糖…各2大匙
色拉油…1小匙
温泉蛋…2个

制作方法

1 将豆腐用厨房纸巾包好，在平底盘中静置30分钟沥水，然后切成大块。

2 将魔芋丝粗切后焯水，用笊篱捞起。胡葱切为3厘米长度。

3 平底锅内加入色拉油，中火加热，倒入牛肉末翻炒2分钟左右后，加入材料**A**使肉充分入味。汤汁收干后加入1/2杯水煮开，再加入步骤**1**的食材和魔芋丝，再次煮开后转小火煮7至8分钟，中途注意翻转。

4 加入葱段煮1分钟左右，装盘，盖上温泉蛋。根据个人喜好也可撒上五香粉。

今晚的肉末豆腐大受好评。虽然大家都捧场是很好啦，但每个客人各有所好……

《肉末豆腐》，漫画单行本第10卷）

#豆腐 #日餐 #温泉蛋绝了 #令人怀念的味道

有了纳豆自带的调味包，其他调料都不需要！

简单且受欢迎的居酒屋食谱

油炸豆腐纳豆包加奶酪

（《油炸豆腐纳豆包》，漫画单行本第10卷）

材料（两人份）

油炸豆腐…2个
纳豆…1盒（40—50克）
小葱丁…2—3根的量（15克）
比萨用奶酪…50克

\#纳豆#油炸豆腐
\#满满的异黄酮
\#自家居酒屋

制作方法

1 将油炸豆腐用厨房纸巾包住控油后，切成两半使其呈袋状张开（不易开口的情况下，可用长筷从豆腐上口转动撑开）。

2 将纳豆与附带的调料包和黄芥末搅拌均匀（没有的情况下可用酱油1/2小匙、砂糖少许、熬辣椒1/3小匙），再与小葱和奶酪一同塞入步骤**1**的食材中，用牙签封口。

3 在烤箱内铺上一层铝箔纸预热，将步骤**2**的食材摆入后烤5至6分钟。

用五颜六色的蔬菜华丽呈现

猪肉加蔬菜的组合可以促进营养吸收

多彩猪肉卷

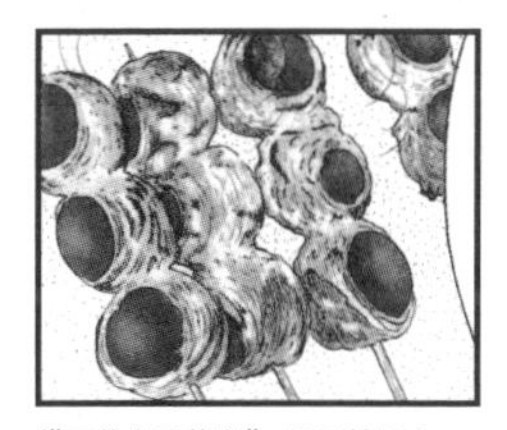

《五花肉番茄卷》，漫画单行本第6卷）

材料（两至三人份）

猪里脊薄肉片…12片（约240克）
金针菇…100克（1小包）
彩椒（红、黄）…各半个
绿芦笋（细条）…6根
A 清酒…1大匙
 食盐…1/3小匙
 胡椒…少许
色拉油…1/2大匙
柠檬瓣…适量

#肉卷 #肉卷派对
#也加到明天的便当里吧 #自家居酒屋

制作方法

1 去除金针菇的根部后拆散，再将彩椒纵切成丝。去掉绿芦笋根部2—3厘米的坚硬部分，对半切成两段。

2 将以上食材分别分为四等份，每片肉里卷一份。

3 在平底锅里热好色拉油，下入步骤**2**中卷好的食材，用中火煎约2分钟，然后翻面继续煎2分钟左右。

4 用材料**A**浇汁，涂抹在肉卷上直至收汁。装盘，摆放柠檬。

#泡菜章鱼 #只需调制 #超简单 #牛油果

泡菜中加入牛油果，奶油般柔顺的口感

章鱼牛油果拌泡菜

泡菜章鱼，久等了。

《泡菜章鱼》，漫画单行本第19卷）

材料（两人份）

章鱼…1只（150克）
白菜泡菜…40克
牛油果…1/2个
黄瓜…1根
A 芝麻油…1小匙
　 酱油…1/2小匙

制作方法

1 将黄瓜沿着纹路去皮，随意切块后撒上少许食盐（主材料外）轻轻揉搓。章鱼随意切块，牛油果切成约 1.5 厘米的方形。

2 将材料 **A** 和步骤 **1** 的食材及泡菜放入碗中拌匀。

下酒菜简单才是王道，菌类按喜好选择即可

铝箔纸烤鲑鱼佐杂菌

材料（两人份）

咸鲑鱼（撒少许盐腌制）…2片
红洋葱…1/2个
灰树花…1盒（80克）
金针菇…1小盒（100克）
A［白酒…1大匙
　 食盐、胡椒…各少许
橄榄油…2小匙

制作方法

1 将红洋葱以2—3毫米的厚度横切，灰树花拆散成易食用大小，金针菇切除根部后拦腰切成两段，拆散备用。

2 展开两张长约25厘米的铝箔纸，将步骤**1**的食材均匀铺在上面，再在上方摆放鲑鱼，均匀浇洒混合好的材料**A**后，将铝箔纸封口。

3 在平底锅中倒入少量橄榄油（主材料外），用厨房纸巾迅速抹开，将步骤**2**的铝箔纸摆好后盖上锅盖。强力中火加热1分钟后转为小火烘烤6至7分钟。最后打开铝箔纸，淋上橄榄油。

#简单至上 #铝箔烧烤 #轻松清洗 #简易菜谱

《铝箔纸烤鲑鱼佐杂菌》，漫画单行本第20卷）

索引

图书在版编目（CIP）数据

自家的深夜食堂 /（日）安倍夜郎原作 ；（日）小堀纪代美等著 ；贺包蛋译 . -- 北京 ：文化发展出版社，2023.9

ISBN 978-7-5142-3694-1

Ⅰ．①自… Ⅱ．①安… ②小… ③贺… Ⅲ．①菜谱－日本 Ⅳ．① TS972.183

中国版本图书馆 CIP 数据核字 (2022) 第 043395 号

日文原版装订与正文设计：细山田光宣、狩野聪子(细山田设计事务所)
正文：中野樱子　料理图：寺泽太郎　食物造型师：远藤文香　漫画：安倍夜郎

自家的深夜食堂

原　　作：[日] 安倍夜郎
著　　者：[日] 小堀纪代美　[日] 坂田阿希子　[日] 重信初江　[日] 徒然花子
译　　者：贺包蛋

出 版 人：宋　娜
责任编辑：范　炜　谢心言
责任印制：杨　骏
出版统筹：贾　骥　宋　凯
出版监制：张泰亚
出版策划：比卜普　策划编辑：红　喜
美术编辑：张恺珈　特别致谢：王蕴仪

出版发行：文化发展出版社（北京市翠微路 2 号　邮编：100036）
发行电话：010–88275993　010–88275711
网　　址：www.wenhuafazhan.com
经　　销：各地新华书店
印　　刷：北京博海升彩色印刷有限公司

开　　本：880mm × 1230mm　1/32
字　　数：96 千字
印　　张：4
版　　次：2023 年 9 月第 1 版
印　　次：2023 年 9 月第 1 次印刷

定　　价：58.00 元
I S B N：978–7–5142–3694–1

◆ 如有印制质量问题，请与我社印制部联系。电话：010–88275720